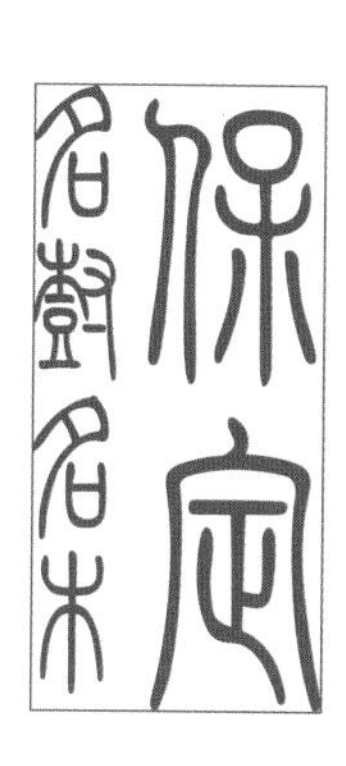
保定
名胜名木

U0390728

保定名树名木

保定历史文化名城丛书

《保定名树名木》编委会 编

河北大学出版社
·保定·

出 版 人：朱文富
责任编辑：张　磊
装帧设计：王占梅
责任校对：耿兆飞
责任印制：常　凯

BAODING MINGSHU MINGMU

图书在版编目（CIP）数据

保定名树名木 /《保定名树名木》编委会编 . -- 保定：河北大学出版社，2021.8
（保定历史文化名城丛书）
ISBN 978-7-5666-1887-0

Ⅰ . ①保… Ⅱ . ①保… Ⅲ . ①树木－介绍－保定 Ⅳ . ① S717.222.3

中国版本图书馆 CIP 数据核字（2021）第 137930 号

出版发行：河北大学出版社
地址：河北省保定市七一东路 2666 号　邮编：071000
电话：0312-5073033　0312-5073029
邮箱：hbdxcbs818@163.com　网址：www.hbdxcbs.com
印　　刷：保定华泰印刷有限公司
幅面尺寸：185 mm × 260 mm
印　　张：27.25
字　　数：300 千字
版　　次：2021 年 8 月第 1 版
印　　次：2021 年 8 月第 1 次印刷
书　　号：ISBN 978-7-5666-1887-0
定　　价：168.00 元

编委会

编委会

序

生态文明建设是中国特色社会主义事业的重要内容，关系人民福祉，关乎民族未来，事关“两个一百年”奋斗目标和中华民族伟大复兴中国梦的实现。古树名木，作为保定自然生态的重要组成部分，一直是古城引以为傲的绿色名片。2017年起，保定市对域内古树名木进行了最新一轮的普查。经过调查核实、统一编号，建立起涵盖22个科、37个属，收录一级古树110株、二级古树186株、三级古树1881株、古树群落63个、现存古树77 173株的市域古树名木资源库。《保定名树名木》的编写，正是在此次普查成果的基础之上，从人文视角出发，阐释古城与古树的文化意义，充分挖掘保定文化基因的一次新的尝试。

以沉淀于自然的人文之灵，彰显保定古树文化之名。《保定名树名木》承袭了“保定历史文化名城丛书”之惯例，以区域为序，遴选审秩，编排条目，共汇集为132篇，讲述名树故事。这些古树或相伴于名胜古迹，在日月流转间静看历史变迁；或静默于云深远山，在岁月轮转里参悟隐士胸怀；或亭立于校园之中，在春去秋来时笑迎莘莘学子。或因贤者手植而名，在历尽沧桑后享后人凭吊；或因奇闻传说而名，在市井乡民中世代相传；或因姿态神绝而名，在天地造化间被托付情志。古树万千，既与古城德名相和，又不同于任何一种文化遗存。古树是从土壤里生发的活的传承，在古树仍在延续的生命里，自然与人文交融。因而古树的美，恰是一种人文主义的诗颂。

古树之美，在于恒久。“沐朝霞以振发，迎晨风而婆娑，驻烈日以布荫，凌冰雪而傲霜。”这些古树数历经百年沧桑而苍翠依旧，展现出让人类自叹弗如的生命之伟力。其相比于官衙庭院金石土木的文化遗存，更多了一份能够贯穿历史的“共情”。轻抚其干，一呼一吸，冥冥之中似有回应。

古树之美，在于坚韧。其根深广，繁枝参天，纵使暮年依然遒劲而不倒。雷击、山火、洪水、干旱、战争、砍伐，所谓“拔本垂泪，伤根沥血。火入空心，膏流断节”，天灾人祸，几多罹难。但只要幸存于世，便依旧岿然挺立，生生不息。懒坐树下，何曾听过一丝幽怨？

古树之美，在于传承。有人说，古树是活着的文物；有人说，古树是历史的见证。一村、一乡、一县、一城，一代代人，铅华洗尽，古树仍在。发生了多少故事，寄托了多少深情，相识如故，往事随风。古树，总是慢慢地生长成一个个隽永的文化符号，融化在历史的传承中。

“乾坤意懒，忘却嘉木之荣；天地情深，空忆青春之姿。”

时值初夏，古树正苍翠，豪迈正当时，我们在接受大自然的馈赠之时，更要时刻谨记保护包括古树在内的自然生态，以及传承历史文化的使命。愿此《保定名树名木》成书之际，可以播撒一颗“绿色的种子”，在诸位看官心中种下苍松翠柏，万古长青。

马蔺峰

2021 年 6 月

凡例

一、指导思想

以习近平新时代中国特色社会主义思想为指导，坚持实事求是、改革创新的原则，坚持人与自然和谐共生的基本方略，全面、客观、系统地记述保定古树名木的历史与现状，弘扬保定古树名木的物质文化、精神文化，保护历史文化遗产，彰显地方、时代特色，推进生态文明和美丽中国建设，推动中华优秀传统文化的传承发展。

二、时间断限

为全面反映保定古树名木的发展演变脉络，各篇上限尽量追溯至事物发端，下限一般断至各篇启动编纂年份，个别重大事项可延至搁笔。

三、总体结构

采用纲目体，分类目、分目、条目三个层次。横排门类，纵述史实。

四、语言文体

除个别引用的原文外，正文统一使用规范汉字及现代语体文、记述体。记事坚持秉笔直书、述而不作，寓观点于记述之中。行文力求朴实、严谨、简洁、流畅和可读性强。

五、数据

所需专业数据由保定市林业局提供，数据严谨、真实、准确。

六、纪年

中华民国成立以前的纪年，先书历史纪年，其后括注公元纪年。中华民国成立之后的纪年，均使用公元纪年。书中所称“解放前（后）”，以当地解放日为界；“新中国成立前（后）”，以中华人民共和国成立时间1949年10月1日为界；“改革开放前（后）”，以中共十一届三中全会召开时间1978年12月为界。

七、称谓

记事均以第三人称角度记述。人名，直书姓名，必要时冠以职务或职称。地名，以现行标准地名为准。各历史时期的党派、团体、组织、机构、职务或职称等均以当时名称为准。

八、数字、标点

书中数字书写以《出版物上数字用法的规定》（GB/T15835—2011）为准，标点符号使用以《标点符号用法》（GB/T15834—2011）为准。

目录

莲池区

直隶总督署古树群

“一座总督衙署，半部清史写照。”坐落于保定市的直隶总督署，已历经数百年风雨，是全国重点文物保护单位。在直隶总督署静谧的庭院内，现存有古树名木30余株，其中不仅有迎宾的古柏、遮阴的古槐，更有醉人的枣树、丁香，还有耐人寻味的碧绿藤萝。在数百年光阴流转间，这些古树名木与衙署文化融为一体，用苍翠的枝干舒展开保定绿色的人文脉络。

保定直隶总督署古树群，除了古老岁月沉淀的苍劲精神，其厚重的人文气质与这座直隶总督署密不可分。直隶总督署，又称直隶总督部院，是中国一所保存完整的清代省级衙署。原建筑始建于元代，明初为保定府衙，明永乐年间改作大宁都司署，清初又改作参将署。清雍正八年（1730年），经过大规模扩建后正式建立总督署，历经雍正、乾隆、嘉庆、道光、咸丰、同治、光绪、宣统八帝，可谓是清王朝历史的缩影。曾驻此署的直隶总督共59人、66任，其中不乏中国历史上名噪一时的著名人物，如李卫、方观承、曾国藩、李鸿章、袁世凯等，直到1909年清末代皇帝逊位才废止。而直隶总督署中的古树名木与曾经的直隶总督之间的轶事至今仍在流传。

古柏群鹰

由于总督署整个堂前的院落均被古柏、古槐和藤萝所布，这就使得总督署的庭院显得更加威严肃穆，给这座衙门增添了官府如虎口的森严气氛。更为有趣的是

总督署古侧柏

这里环境优雅、安静，且院中的树木被保护得很好，古时每到初冬，便有成群的猫头鹰迁来，多时曾达200多只。说起这些猫头鹰也是颇有渊源。据传，清乾隆年间，保定地区连续几年鼠患成灾，老鼠盗食粮食、损坏东西，人们虽痛恨却束手无策。当时的直隶总督方观承夜间偶听鸟叫，受其启发，想起东北老家的猫头鹰是捕鼠能手，就派人去东北捉来猫头鹰灭鼠。为免去老百姓认为猫头鹰是不祥之鸟、不愿饲养与保护的麻烦，方观承就命人将所有捉来的猫头鹰饲养在总督署内的柏树上，并叮嘱府内官员不准对其轰打，要倍加保护。长此以往，每年都有上百只长耳猫头鹰春季返回东北老家，冬季便来保定府灭鼠，鼠患自此消除。总督署则形成了“古柏群鹰”一景，为后人所称颂。如今虽然古柏上已不见了猫头鹰的身影，但总会有各种鸟类在树上驻足停歇。

总督署古侧柏

总督署古圆柏

古槐惊雷

除了方观承，总督署内的古树还与另一位大名鼎鼎的直隶总督曾国藩颇有渊源。位于总督署二进院东有一株古槐，树高10米，胸围2.38米，冠幅10米×10米，干上多疤，树龄在340年左右，为二级古树。相传这株古槐在当年曾国藩担任直隶总督期间，经历了一场雷劈之祸。据说那是农历七月中旬的一个傍晚，曾国藩正在签押房内处理公务，突然一声惊天霹雳，正劈中总督署堂前的这株古槐。当时此树的树冠被击掉，树干也被击伤，而曾国藩也突然昏了过去，并在不久后便右眼失明。当然，即使这场雷火之灾真实发生过，但这也并不是影响曾国藩健康的真正原因，其实早在曾国藩就任直隶总督之前，他的视力就已经开始减弱，还患有多年的晕眩症。

总督署古国槐

总督署古国槐

总督署古树群

藤萝奇缘

在总督署的后院有一株其貌不扬、依槐而生的藤萝，据说这是当年曾国藩从湖南老家移植来的。更具传奇色彩的是，相传此藤萝是曾国藩出生那天自然萌生的，它是曾国藩身体状况与仕途兴衰的晴雨表，因此曾国藩对它极为看重。当年曾国藩离任时，还特意嘱咐他的学生——新任直隶总督李鸿章好好代为照管。掐指算来，此藤萝定居保定已有 140 多年了。

苍翠挺拔的古柏和遒劲健硕的古槐，还有藤萝、枣树、丁香等古树一同携翠挺立在直隶总督署的堂院各处。白云苍狗，倏忽百年，这一片别具特色的古树群，彰显着历史的厚重，凝结着历史的变迁，它们静静伫立，守望未来，成为保定古城一道亮丽的风景。

古莲花池古树群

保定古莲花池始建于 1227 年，距今已有近 800 年的历史，是全国重点文物保护单位。今天的古莲花池位于保定市裕华中路，与直隶总督署南北相对，是一座集园林、行宫、书院为一体，兼有中国南北园林之美的古典园林。园内现存古树 20 余株，其中有历经沧桑的古柏、饱经兴衰的古槐、婀娜多姿的古檀、沁人心脾的古丁香，还有状如苍龙的古沙枣、貌似彩凤的古海棠。古树种类多样，各具姿态。

说起古莲花池，可谓以水为胜，因荷得名。园内主要有春午坡、濯锦亭、篇留洞、观澜亭、绿野梯桥、红枣坡、藻咏厅、君子长生馆、水东楼等古建筑，秀丽的宛虹桥、曲桥和元代修建的白玉桥，参差在假山奇石、林木荷塘间，构成了一幅“湖中有景、景中含诗”的优美画卷。古莲花池景观布局严谨，山、水、楼、台、亭、堂、庑、榭参差错落，博得了“城市蓬莱”的美称。建于清雍正十一年（1733 年）的莲池书院曾在中国古代教育史上书写过浓重的一笔，成为名噪一时的文化中心。园中古树与各景点有机地组合在一起，它们数百年来见证着古莲花池的花开花谢，聆听着书院的琅琅书声，优雅了古莲花池小巧玲珑、漪碧涵虚的景致，传承了自然与人文交融、历史与现代共情的文脉气魄。

莲池黛柏

在古莲花池的北岸，高芬阁以西，紧邻奎画楼旁，有一株造型苍劲古朴的侧柏，树高12米，主干高1.3米，胸围1.45米，冠幅8米×3.5米，为二级古树。据推断，此树为明清时期修建古莲花池时栽种的，距今已有300多年的历史，因其年代久远，树冠呈现青黑之色，故被称为黛柏。远观此树，冠大荫浓，树干苍劲有力，犹如一条巨龙盘旋在半空，守护着这方闹市中的净土。夏日，其树枝低垂，与盛开的荷花交相辉映，呈现出“柏荷环抱”之景。古柏历经世事沧桑，仍挺胸屹立于天地之间，表现出了昂扬的斗志和坚韧不拔的品格。

莲池黛柏在清代遗存的“莲池十二景图”之高芬阁景点中就有所记载：“阁西翼以连楼，严奉圣祖仁皇帝御书石刻十七，紫珉绿字，灿若卿霄，榜曰‘奎画楼’。楼下文柏盈阶，曰‘黛柏轩’。”曾经的直隶总督方观承和莲池书院院长张叙都曾创作过与这株古柏有关的诗文。

万卷不可读，层楼犹远望。
梁栋扶古香，黛柏等无恙。
宸咏垂星文，历历云霞上。
——方观承

疏根开向老松颠，一带藤阴复道连。
无事偶来帘阁坐，藕花香里日如年。
——张叙

莲池黛柏

古树奇景

莲池古树造型各异，颇有奇趣。其中位于古莲花池西侧“小方壶”前的古沙枣树，因其状似苍龙曾被收录在《河北古树志》中。此树树高10米，干高3.8米，冠幅14米×8米，树龄已逾500年，为一级古树。其树根入莲池水，冠盖“小方壶”，树干弯曲向西北斜生，状似苍龙。而位于古莲花池“小方壶”东侧，与古沙枣树相邻的还有一株古海棠树，树高7米，胸围2.15米，冠幅10米×8米，为二级古树。其冠如彩凤，与古沙枣树合成“龙凤呈祥”的景观。

然而在2012年7月4日夜，狂风暴雨突袭，古沙枣树的北主枝被风折断，“小方壶”上方的西主枝也被大风刮得扭向了南，

莲池古沙枣树

古沙枣树的树冠自此面目全非，奇景不复，甚是可惜。

在古莲花池北沿偏东有一株古槐，树高 9 米，干高 2 米，胸围 1.8 米，冠幅 16 米 ×15 米，为二级古树。此槐干向南躬，枝叶与池水相接，看上去很像一位头戴草帽的老人在池边垂钓，颇有闲趣。

古木群英

古侧柏位于古莲花池北侧，树高 10 米，干高 3.5 米，胸围 1.94 米，冠幅 8 米 ×7 米，长势良好，为一级古树。

古槐位于古莲花池北沿偏东，树高 15 米，干高 5 米，胸围 1.8 米，冠幅 13 米 ×9 米，为二级古树。

古枣树位于古莲花池的莲池桥南端，树高 9 米，干高 3 米，胸围 1.25 米，冠幅 8 米 ×8 米，为二级古树。

古酸枣树位于古莲花池的六幢亭旁，树高 5 米，干高 2.8 米，胸围 0.78 米，树干开裂西斜，为二级古树。

莲池古槐

莲池古侧柏

莲池古槐

莲池古枣树

莲池古酸枣树

校园古树

保定有着悠久的历史文化，并且自古至今都是教育兴盛之地。自明代以来，保定的府学、县学、书院、义学、社学、私塾遍布城乡，建于清雍正十一年（1733 年）的莲池书院和建于清乾隆三年（1738 年）的定州贡院更是成为保定古代教育史上的两个重要代表。近代以来，保定作为“京畿首善之地”，成为发展新式教育的先行地，“学生城”之名一时闻名遐迩。现如今，那些仍然傲立在保定校园中的古树既是保定教育事业发展的历史见证，更激励着一代代莘莘学子努力向学，激励着他们满怀雄心壮志报效祖国。

河北大学古刺槐群

河北大学创办于 1921 年，是教育部与河北省人民政府“部省合建”高校，也是河北省重点支持的国家一流大学建设一层次高校。历史上河北大学的前身为天津工商大学，1970 年，河北大学由天津迁至国家历史文化名城——河北省保定市。在今天的河北大学五四路校区南院的校园内，以古刺槐为主体，乔灌草与花藤科学配置，使古香古色的校园又平添了些许现代气

河北大学古刺槐

河北大学古刺槐

河北大学古刺槐

息，绿荫掩映下更加彰显科教传承。

河北大学古银杏树

古银杏树位于河北大学五四路校区北院，为三级古树。

河北大学古银杏树

河北农业大学古树群

河北农业大学创建于清光绪二十八年（1902 年），校园内古树成群。老师们在林中漫步，构思教学方案；学生们在树下苦读，设计着未来的人生。古树历经百年，无怨无悔，送走一批批国家栋梁，迎来一批批有志学子。古树是师生们的忠实伴侣，

河北农业大学古荆树

更是河北农业大学的校园守护神。

在河北农业大学的校园中，比较著名的古树有树龄超过300年的古刺槐、古侧柏和古荆树。此外，在河北农业大学成教学院前有一株古臭椿树，此树的树龄虽不及校园中的其他古树，仅在百年左右，但它却有一个传奇的经历。据说这株古树所在的地方原来叫大湾子，此处的水很深，当年曹锟的干儿子就淹死在了这里，曹锟知道后气急败坏，上演了炮轰大湾子的闹剧。

古荆树位于河北农业大学校园内，树高7米，胸围0.65米，冠幅6米×6米，为三级古树。

保定育德中学古柏

古柏位于江泽民同志亲笔题名的“留法勤工俭学运动纪念馆”后院的幼云堂门前。古柏树高14米，干高6米，胸围1.34米，冠幅6米×5米，树龄在150年左右。

陈幼云是“育校成立之先导，河北革命之巨子”。1905年，陈幼云在日本加入了孙中山先生组织的同盟会。1906年，陈幼云回国后在保定崇实中学任教。1907年，中国同盟会河北分会在保定成立，陈幼云任会长，同年，他创办育德中学。1909年，年仅31岁的陈幼云积劳成疾不幸病故。1936年，育德中学在校内修建了幼云堂，堂室正面的墙上镶有陶瓷制的陈幼云肖像，肖像下面是刻在汉白玉石上的《幼云堂记》碑文，记录了陈幼云的生平事迹，供后人瞻仰。如今，幼云堂门前的这株古柏象征其人，立德百年，挺拔正直，向今人诉说着革命先辈们勤工俭学、刻苦读书的革命精神。

保定一中古楝树

古楝树位于河北保定一中校园内，共6株，图中这株古楝树树高12米，干高6米，胸围1.7米，冠幅7米×8米，树龄100年有余。河北保定一中的前身是1906年建立的保定

保定育德中学古柏

保定一中古楝树

府官立中学堂，保定一中曾培养出牛满红、王玉奎等4位中国科学院院士，以及中国现代考古奠基人苏秉琦，图书馆学、敦煌学创始人王重民等大师和名家。参天古树铭记着保定一中光辉的百年历史，孕育着深厚的文化底蕴。古楝树树形优美，枝条秀丽，四季更替，变换容貌，夏日的郁郁葱葱、冬日的古劲干练均与保定一中的校园文化融为一体，成为校园中一道独特的风景线。

保定二中“励志槐”

河北保定第二中学是河北省重点中学之一，其前身是1907年建立的保定府官立中学堂。1917年更名为直隶第六中学，后几经易名，1950年经河北省人民政府批准定名河北省保定第二中学。保定二中从保定府官立中学堂沿革至今已逾百年，校址几经变迁，1947年落址慈禧行宫。在保定二中的操场上，有一株树龄超过500年的古槐，古槐树高8米，干高3米，胸围2.9米，冠幅12米×12米，为一级古树。古槐巍然挺立，虽历经沧桑，但干不空、枝不枯、叶不衰，生机勃勃，毫无龙钟之态。老师们看着它精神焕发，学生们看着它奋发进取，因此师生们称其为“励志槐”。

保定二中“励志槐”

保定二中分校古侧柏

古侧柏位于保定二中分校校园内，树高13米，干高6米，胸围2.33米，冠幅9米×8米，共两株。相传此树在明万历三十五年（1607年）始建灵雨寺时便已栽种，据此推算树龄已超过400年。据说当年的灵雨寺是保定知府方一藻和乡绅陈士章冒着杀头的危险，用给权倾一时的魏忠贤建生祠的专款建造的。今寺已不存，唯两株古侧柏仍傲雪迎风，人们传说这两株古侧柏是方、陈二人的化身。

保定县学街小学古侧柏

保定市县学街小学的前身为文庙，建于明洪武八年（1375年）。县学是清苑地区所属的官学，建于明洪武元年（1368年）。

这株古侧柏为当时创建县学时栽植，位于保定市县学街小学校园内。古侧柏树高 12 米，干高 4 米，胸围 2.29 米，树龄在 600 年左右。伴着校园的欢声笑语和琅琅书声，古侧柏见证了每一个孩童的天真与烂漫，记录着孩子们的成绩与汗水。

保定县学街小学古侧柏

“西刹秋涛”遗古树

古时保定的府河上游是一亩泉河，也叫鸡距河。泉水汇集，日夜流淌，流到灵雨寺附近时，一分为二。一股经大闸南流入府河，水声轰鸣，便是“西刹秋涛”。“西刹秋涛”是保定古书中记述的重要的人文景观之一，延续着古城西南的历史文脉，李松欣曾按《清苑县志》中所载的上谷八景图，又结合《畿辅通志》、保定郡城图、府城图、历代上谷八景单景图对保定上谷八景进行了整理。而“西刹秋涛”是上谷八景中关于府河的重要一景，也体现着水系对于孕育保定文化的重要作用。“西刹秋涛”描绘的是保定古城西南，灵雨寺和寺前滔滔河水的秋日盛景，古人谓之“潆洄百亩，殿阁门墙，倒影澄波，秋雨后，涛声澎湃闻数千里”。其大致位置在今天保定市十方商贸城以南至保定人民公园（保定市动物园）一带。早在明崇祯初年，这里便建有月潭院，是当时各方往来僧人的住处，体量宏大，可容纳僧侣众多。月潭院俗称十方院，现今十方商贸城的得名亦源于此。清顺治八年（1651年），月潭院扩建为灵雨寺。清乾隆年间，邻灵雨寺建行宫，乾隆下江南驻跸保定行宫时曾在灵雨寺旁的河边垂钓。

清代诗人时来敏曾描述“西刹秋涛”的美景：

飒飒秋风林外骄，泉流一带涨河桥。
涛声相应梵声近，水色齐连天色遥。
荇藻漪漪随浪涌，蒹葭缈缈逐烟飘。

闲来买渡寻僧话，又听鸣钟送晚潮。

清代诗人郭棻作《西刹秋涛》诗云：

雨积秋林河伯骄，拍天滚滚不容桥。
龙参佛座争波立，水夺僧门径转遥。
鱼上岸来蛙鼓迸，鹳投邮去酒帘飘。
保阳景物看如许，畅是松涛昕野潮。

可惜在历史的蹉跎中，古刹灵雨寺早已不复存在，“西刹秋涛”的景致也在一次次城市改造中不见了往昔模样。唯有零星挺立的古树，像执拗孤守的老兵，默默地缅怀着当年的涛声。

府河古荆树

府河在《水经注》中称为沈水，明洪武元年（1368年），改保定路为保定府，因河水在府城南门外，故名府河。府河发源于一亩泉，逶迤东南流，横贯保定市，在莲花闸下与唐河、清水河相汇，最终流归白洋淀。在府河南岸有两株古荆树，一株在保定人民公园内“别有洞天”景观的附近，树高5.5米，胸围0.38米，冠幅4.5米×5米；另一株在河北农业大学校园内，距府河不足200米，树高7米，胸围0.65米，冠幅6米×6米。20世纪五六十年代，古城保定的府河直通白洋淀，古荆树生长之处为小码头，渔民在岸上易货，“南城外清苑河（府河）起，下达天津，舟楫往返运输便利，商民赖之”，清代航运历200年而不衰，一片繁荣景象。市民于河水中洗衣，孩童于河中戏水，颇有“清明上河”之美。民国时期，大军阀曹锟曾在此修建花园，杏花村、三仙洞等景点均系当时所留。古荆树因加入其景观，且天然野生而被保留，测得树龄均为120年以上。古

府河古荆树

荆树一圈圈的年轮封存着保定这座城市的发展轨迹，它们饱经风霜，经久不衰，苍劲古朴却又婀娜多姿，为保定增添了不少难以描述的神秘色彩。

人民公园古树群

保定人民公园位于一亩泉河与方顺河交流处，古有“双流交贯”之称。军阀混战时期，直、鲁、豫三省巡阅使曹锟坐镇保定，于1921年在大南门以西、南城墙以外，沿府河两岸，占地600余亩建起一座花园，时称“曹锟花园”。1923年，康有为题词改称“老农别墅”。1935年，国民党河北省主席宋哲元曾捐款修园，并寓“周文王之囿，与民同乐”之意，改名“人民公园”。公园内二级、三级古树众多，随处可见，这些古树枝繁叶茂，为公园增添了浓浓的绿意。

古楸树位于保定人民公园东北侧，树高25米，干高3.5米，胸围2.2米，冠幅8米×8米，为三级古树。

“龙蛇槐”位于保定人民公园古城墙西侧，树高7米，干高0.8米，胸围1.65米，为三级古树，因树的根部裸露似龙缠蛇绕，故名“龙蛇槐”。槐树是我国古代最常用的行道树种，人们种植槐树，常有“指树怀之”的情感。岁月就如同

人民公园古银杏树

人民公园古树群

人民公园古楸树

一位严酷的雕塑师，将百年来古城历经的每一道沧桑都醒目地雕刻在这参天大树上。“龙蛇槐”枝干遒劲，似龙蛇腾空而舞，是保定人民公园的特色景观之一，入园游览的人群、饭后散步的居民、嬉戏玩耍的孩童都不禁被大自然的神奇造化所感染，纷纷停下脚步，静静观赏。

“孔雀柏”位于保定人民公园西北侧，丛生，主干16个，树高7米，胸围2.2米，为二级古树，因酷似开屏的孔雀，故名“孔雀柏”。“孔雀柏”的枝叶密集翠绿，排列好似孔雀的尾巴，美丽怡人，给保定人民公园增添了无尽的欢快，树下聚集了数不尽的欢声笑语，留下了无数的脚步，见证了人世间的悲欢离合。“孔雀柏”高大挺拔的身姿，犹如一位将军，在岁月的蹉跎中更加苍劲有力。

古桧柏树位于保定人民公园西北侧，树高15米，胸围1.44米，冠幅7米×4米，为二级古树。

古香椿树位于保定人民公园西北侧，树高14米，干高4.2米，胸围2.17米，冠幅14米×12米，为二级古树。

除了北方常见的松、柏、槐、杨等温带乔木，保定人民公园内还保存有许多盆栽的苏铁、棕树等热带植物，其中

人民公园“孔雀柏”

人民公园古桧柏树

人民公园古香椿树

树龄最大的苏铁树，其树龄已超过 300 年，这些热带植物形成了颇具特色的异域景观。每年秋冬时节天气转凉时，这些盆栽都会被搬移至装有暖气的大棚中精心保护。

古苏铁树位于保定人民公园西北侧，盆栽，树高 2.4 米，干高 1.1 米，冠幅 3 米 ×3 米，为二级古树。

古棕树位于保定人民公园西北侧，盆栽，树高 3.2 米，干高 1.3 米，腰围 1.75 米，冠幅 4 米 ×4 米，树龄约 160 年。

人民公园古苏铁树

人民公园古棕树

保定市十方商贸城古槐树群

保定市十方商贸城现存有古槐 14 株，其中国槐 11 株，刺槐 3 株。这些珍贵的古槐注视着这片热土，目睹了古城几百年来的兴旺与繁华。一株株古槐，也为古城保定增添了浓厚的历史感，不仅美化了环境，还丰富了人们的精神生活。高大的古槐，浓荫盖地，整齐美观，但又各有其神韵，千姿百态。

保定市十方商贸城古槐树群

清河道署古槐

在古城保定有这样一座衙署，它没有直隶总督署那样的威严大气，亦不如审判过刘青山、张子善等大案的直隶审判庭出名，但是这座衙署曾在九河肆虐直隶省的时候，起到了“定海神针”的作用，它便是有着300多年历史的清河道署。

历史上的保定地区有拒马河、大清河、唐河、府河等众多河流，是有名的九河汇聚之地。雨水丰沛之年，九河泛滥、大水决堤的情况在有关方志中常有记载。清雍正年间，为治理水患，官方设立了清河道，辖保定、正定、河间三府，易、冀、赵、深、定五直隶州，专管河务，保定府清河道由此诞生。由于清河道署的设立，保定水患逐年消减。100多年前的保定，水运发达，无论是直隶总督还是清河道台，一年中夏季在天津办公，冬季回保定办公，日常事务，乘船往来。据记载，整个清代共有111位清河道员在此任职，其中有方观承、周元理、刘峨、周馥、杨士骧等9人直接升任直隶总督。

民国时期，清河道署曾作为军阀王占元的公馆。七七事变后，由伪保定市政府占用。1945年8月抗战胜利后，为国民党暂编第二十八军军部。新中国成立后，河北省供销社、河北省档案馆入驻。20 世纪 70 年代成为民居。1993 年 7 月 15 日，清河道署被河北省人民政府列为省级重点文物保护单位。

清河道署遗址旁的古槐，树高 12 米，干高 3.1 米，胸围 3.14 米，冠幅 15 米 ×8 米，为二级古树。实际上，这株古槐并不在今天的清河道署院内，而是位于保定市十七中的校园一角，紧靠清河道署围墙。据测算，其树龄已超过 400 年，要早于 1726 年设立的道台衙门。这株古槐是清河道署从设道建署至今各个历史时期的亲历者和见证者，虽几经时代变迁，依然根深叶茂。

清河道署古槐

清河道署古槐

长城北大街古枣园

位于保定市长城北大街的古枣园原属安药集团，园中的枣树据说是当年从五台山移栽至保定的，至今仍有人来此礼佛上香。园中现存有树龄在 1000 年以上的古枣树 16 株，树龄在 200 年以上的约 800 株。这些古枣树形态各异，趣味横生。开花时节漫步枣园，清香袭人，让人感到超凡脱俗，飘飘欲仙。大枣成熟之时，可在园中休闲，让人感到无比惬意，流连忘返。

长城北大街古枣树

长城北大街古枣树

冯庄村古槐

古槐位于保定市莲池区冯庄村东西大街北侧，树高10米，干高2.6米，胸围4.1米，冠幅12米×10米，树龄在600年以上。这株古槐的树干和主枝上有许多空洞，3个主枝交错弯曲斜生，酷似3条腾空巨龙。据说盛夏时节，这株古槐的树洞里会向外冒凉气，人们坐在树下就如同坐在空调房中一样清凉舒适，因此当地人也称其为“空调槐”。

冯庄村古槐

竞秀区

保定市植物园古槐

保定市植物园位于保定市北部，是在原红旗苗圃的基础上扩建而成的，它南邻北二环路、西邻阳光北大街，整体采用自然式布局，以道路划分功能区，以植物划分空间，是一个集科普、休闲、娱乐为一体，充分体现植物景观、乡土文化和生态效应，具有“城市森林”特征的综合性园林。植物园的总体规划是由中国风景园林规划设计中心的植物园专家余树勋教授主持完成的。园中现存 3 株古槐，古槐虽然历经百年蹉跎，留下沧桑痕迹，但如今仍然绿叶成荫，向世人诠释着它们顽强的生命力。3 株古槐可谓植物园中一道独特的风景，常常引人驻足凝望。

古槐位于植物园内，树高 10 米，干高 2.6 米，胸围 2.9 米，冠幅 8 米 ×8 米，有空洞，为三级古树（图 1）。

古槐位于植物园内，树高 7 米，干高 2 米，残围 1.6 米，冠幅 3 米 ×4 米，仅剩 1 个主枝斜向东南，为三级古树（图 2）。

古槐位于植物园内，树高 10 米，干高 2.3 米，胸围 1.6 米，冠幅 6 米 ×6.5 米，两个主枝东斜，为三级古树（图 3）。

保定市植物园古槐

保定市植物园古槐

图3

保定市植物园古槐

大激店村古柏

大激店村现隶属保定市竞秀区，村子蕴含着悠久的历史文化。在历史上，驿站衙署、贾市店堂、寺庙行宫星罗棋布于大激店村村内。村中的一块石碑上写有“巨镇”字样，因此大激店也被誉为“千年古镇大激店”。从古至今，大激店村都彰显着独特的文化气息。当代著名作家冯骥才描述的大激店印象为“未进村子，未见房屋，只是一片曲折又自然的水湾、河汊、闲舟、堤坡上横斜的垂柳，已感受到一种田园般的深幽”。

关于大激店村村名的由来有两种说法。一种说法是大激店村三面环水，因水流相激的地理条件而有“大激店”之名。另一种说法则与纣王选妃的传说有关。传说，商纣王选妃，选中了蓟州侯苏护之女苏妲己。苏妲己去朝歌的途中，曾在此地的驿站住宿一夜，故而此村得名“妲己店”，但因后人痛恨苏妲己败坏朝纲、祸国殃民而改名为“大激店”。美丽的大激店村庄，非常重视对历史记忆的铭记，在千余年的发展建设中仍然存留着随处可见的古村繁荣的痕迹。

大激店村是全国文明村和全国生态文化村。多年以来，村民对村中的古树悉心照顾，保护有加。位于大激店村村北真武台上的两株古柏，树龄均在 300 年以上，它们尽显苍翠，长势良好。北株树高 15 米，干高 8 米，胸围 1.76 米，冠幅 9 米 × 8 米；南株树高 12 米，干高 6 米，胸围 1.24 米，冠幅 7 米 × 5 米。

古柏传说

大激店村古柏位于村北的真武台上，古时候真武台曾建有一连 3 座庙宇：最前面的是武圣庙，中间的是真武庙，最后面的则是医圣庙。双柏矗立其中，就有了“二柏担三间”的说法。大激店双柏因此声名远播，曾吸引了不少游客慕名而来，一睹古柏风采。

关于这两株古柏还有一个感人的故事。相传在抗战年代，村里的年轻男子都去参战，留在村里的老弱妇孺每时每刻都盼望着抗战胜利，盼望着亲人可以早日平安归来。为了祈祷在外征战的亲人平安顺遂，村里人就在古柏树上系红绳，以求平安。于是，古柏就成了村民们的寄托和希冀，承载着家家户户美好的愿望。直至今日，这两株古柏仍然受到村民们很好的保护。两株古柏苍翠生长，毅然挺立，时刻告诫人们，不忘历史，尊重先者，把握当下，砥砺前行。

大激店村古柏

谢庄村古槐

古槐位于保定市竞秀区谢庄村村内，树高 14 米，干高 3.2 米，胸围 3.4 米，冠幅 17 米 ×14 米，树龄在 500 年以上。根据传说，这株古槐始植于明初靖难之变期间，如果此说法属实，那么这株古槐至今应该已有 600 多年的历史。

关于谢庄村的村名有一段惨痛的历史记忆。在战火肆虐的年代，河北、河南、山东等地的百姓惨遭杀掠，逃亡殆尽。北方大地人烟荒芜，在当时的谢庄村，只留下了 3 户姓谢的人家，之后经过多年的发展，才逐渐形成村庄，因此得名“谢庄村”。谢庄村古槐与山西省洪洞县大槐树下的移民有密切关联。据传，朱棣称帝之后，为填补渤海地区战乱后的空旷，出旨迁民，命令从人口密集的山西组织大批乡民向东迁移。据说由于当时乡民是在山西省洪洞县的大槐树下集结，由官府发给凭照川资（即路费），之后强行迁往各地，所以自古就有“问我祖先来何处，山西洪洞大槐树”的说法。当时的移民有建村种树的习俗，一来是为了表示建村的年代，二来也是希望家族可以在这个地方落地生根、发芽开花、家族兴旺，像这株树一样世世代代、生生不息。

历史上在古槐旁曾有一座三义庙，庙里供奉着刘备、关羽、张飞的人像，两旁有周仓与侍从若干。每每逢年过节，村民们都要到庙前进香祈祷，祈求五谷丰登、全家平安。此庙在“文化大革命”期间被拆除，之后村民虽不在此庙烧香拜神，但却把古槐当作神灵来祭拜。古槐也就此成为谢庄村的文化遗产以及全村美好与太平的象征。

随着时间的流逝、朝代的更迭，这株古槐虽历经了几百年的风吹雨打，以及岁月的磨炼与洗礼，依然坚定如初。巨大的树根深深地扎入地下，深褐色的树干似蛟龙顶天之势向上矗立，旁枝盘旋着、挣扎着，努力向外伸展。谢庄村诗人谢红旗曾为古槐作诗云：“谢庄村中一古槐，世人传说明时栽。千年古树独存种，百代灵根永世代。”如今，这株古槐返老还童，枝繁叶茂，重焕生机。它以顶天立地、百折不挠的精神，激励着自强不息的谢庄村人民与时俱进、继往开来。

谢庄村古槐

满城区

满城区古柿树群

满城区的柿树以磨盘柿为主，栽培历史久远。保定市满城区翟家佐村现存的明嘉靖年间官府布告乡民保护柿林的石碑，就是该村柿树种植历史悠久的最好证明。满城区的柿树主要分布在刘家台、坨南、神星、白龙、石井、满城等6个乡镇，共有30余万株，其中树龄在100年以上的古柿树有39 440株。满城区年产柿果48 740吨，柿树种植是满城区农民致富的支柱产业之一。“中国磨盘柿之乡”神星镇的原生态景区“柿子沟”为大家所熟知，沟内坡坡岭岭全是分布均匀的柿树，其中绝大部分柿树的树龄在100年以上。磨盘柿个儿大、色红、味甜，有补脾、健胃、润肺、止咳的功效，是果中之珍。

“柿子沟”中的“福、禄、寿、禧”

“柿子沟”（东峪村南沟）中有4株一字排开，间距相等的古柿树，它们的名字分别叫福、禄、寿、禧，传说是福、禄、寿、禧四仙的化身。

“福”树，树高12米，干高1.4米，胸围1.95米，冠幅12米×11米，为一级古树。

“禄”树，树高12米，干高1.5米，胸围2.35米，冠幅11米×9米，为一级古树。

“寿”树，树高12米，干高1.4米，胸围2.42米，冠幅12米×12米，为一级古树。

“禧”树，树高12米，干高1.4米，冠幅12米×10米，为一级古树。

“柿子沟”中的同根柿

同根柿位于东峪村村南，树高9米，

基围 3.8 米，冠幅 12 米 ×11 米，为二级古树。此树同根不同干，如同孪生姐妹一般相对而立。

满城区“柿子沟”中的同根柿

抱阳山古树群

抱阳山位于保定市满城城区以西3公里处，属太行山东麓的余脉，抱阳山北峰为主峰，自主峰两翼向西南和东南延伸，像巨人摊开双臂，拥乾坤、抱日月，呈环山抱阳之势，恰好契合“万物负阴而抱阳”之意，故名抱阳山。也正是因为这特殊的山势，抱阳山南面山谷内自古便是“气暖山无雪，天寒树未秋”的温润气候。这里滋养了千年青檀、“托山柏”、“麒麟柏”等古树名木。这些古树秀雅风致，静静伫立，历经时代的沧桑巨变而屹立不倒。

抱阳山古青檀

依山而生的古青檀位于抱阳山南山门外的岩隙中，树高8.3米，干高3米，胸围1.7米，冠幅10.6米×10.5米，树龄在1000年左右。这株古青檀冲破山岩而出，直到现在仍茁壮生长着，为进出山门的人们洒下一片凉爽。在民间传说中，杨家将大破天门阵时，穆桂英所用的降龙木就是用青檀这种木头做成的。

抱阳山“托山柏”

古柏位于满城区抱阳山“一亩石”的内绝壁上，树高12米，冠幅8米×7米，树龄在300年左右。此柏为孽生，相传其母树十分高大，故名“托山柏”，但如今只余残根。

抱阳山“麒麟柏”

古柏位于满城区抱阳山“一亩石”的内绝壁上，树龄在300年左右，因其平伸后形似麒麟而得名“麒麟柏”。

抱阳山古青檀

抱阳山托山柏

抱阳山麒麟柏

黄龙寺村古柏

黄龙寺村静静地坐落在保定市满城区西部的深山之中。该村位于满城区最西部，海拔 400 多米，全村 1000 余人，由 12 个小自然村组成，这里群山环抱，植被茂密，是最适宜树木生长的清幽之地。黄龙寺村有两株较为出名的古柏，一株位于黄龙寺村村中的山顶处，树高 9 米，干高 4 米，胸围 2.78 米，基围 4.85 米，冠幅 14 米 ×13 米，树龄在 500 年左右；另一株位于黄龙寺村村边的绝壁上沿，树高 10 米，干高 1.3 米，胸围 1.73 米，冠幅 14 米 ×11 米，树龄在 280 年左右。

黄龙寺村“英雄柏”

古柏位于黄龙寺村村中的山顶处，其基部有伤疤，据说这处伤疤是在抗日战争时期被日本侵略者用火烧之后留下的。曾经驻扎在黄龙寺村的抗日军民以这株古柏为哨所观察敌情，敌人怀恨在心，便派人去烧古柏，使得古柏的基部留下了这永久的伤疤，因此当地人也称其为“英雄柏”。如今，这株古柏依旧矗立在黄龙寺村的山顶，成为战争岁月留下的活的纪念碑，古柏树上留下的伤疤也成了它英勇抗日的无言勋章。

黄龙寺村“英雄柏”

盘古与“神树”

传说中，侧柏树也被称作盘古。这是因为盘古最主要的外貌特征是“龙首蛇身”，而侧柏树的树冠像“龙首”，树干的纹理很像缠绕在一起的蛇，因此在古人眼中，侧柏的外观特征与盘古相吻合。但其实人们将盘古与侧柏联系起来，更多是因为“蟠股”的谐音。古人称侧柏为“蟠股”，是因为侧柏树干的纹理很像人的大腿（肌肉凸起而缠绕），也像缠绕在一起的绳子。古人尊崇盘古开天辟地，也尊崇高大茂盛、顶天立地的侧柏，加之侧柏四季常青、寿命极长，古人认为这个树种很是神奇，故也称其为“神树”。

盘古与“神树”

杨庄村古槐

保定市满城区杨庄村村内有一株树龄约 800 年的古槐，树高 7.6 米，干高 3.6 米，胸围 3.33 米，冠幅 7 米 ×4 米，树干中空开裂。传说这株古槐与战国时期的著名军事家孙膑颇有渊源。相传，当年孙膑、庞涓上云蒙山找鬼谷先生拜师学艺，途经杨庄村。当时天色已晚，二人见路边草舍有人居住，便登门求宿。主人是一老者，对二人甚是热情，不但留宿还供其饮食。不料，孙膑夜感风寒，次日清晨发起了高烧，不能行走。老者见状，急忙上山采来草药，为孙膑熬汤治病，关怀备至，如同生父。两天后，孙膑病愈欲行，怎奈身无分文，无以为报。恰在此时，见不远处有一株树干像镰柄一样粗的槐树，孙膑为之一振，心想：何不将其移至老人的门前做个永久的纪念。于是孙膑用了半天的时间将槐树移至老者门前栽好，相传如今杨庄村的古槐就是当时孙膑栽种的那株。此外，在杨庄村村北有座山叫天坡，天坡上有座孙膑庙，庙内有一口 1 米多深、从不干枯的井。据说当年孙、庞二人离开老者的家后，行至井旁时突然感到口渴，于是孙膑掀石成井，并把这口井留给当地百姓以示感谢。此井 2000 多年来从不干枯，不仅造福了杨庄村的一方百姓，也滋养着古树生生不息。

杨庄村古槐

清苑区

南大冉村古槐

“地道战，嘿！地道战，埋伏下神兵千百万！”家喻户晓的地道战就发生在广袤的冀中平原上。保定市清苑区冉庄村既是地道战红色记忆的纪念地，同时也是电影《地道战》的拍摄地。看过电影《地道战》的观众一定会对那株挂着大钟的老槐树印象深刻。电影中高家庄党支部书记高老忠一次次在树下拉响大钟，钟声就是警报，钟声就是信号，当高老忠在老槐树下不幸牺牲时，不知感动了多少人。当年电影场景中的这株老槐树位于保定市清苑区南大冉村的十字街旁。

南大冉村的古槐共两株，树龄均在1000年左右。南株树高6.5米，干高2.5米，胸围3米；北株树高8米，干高5米，胸围3.3米。

抗日战争时期，两株古槐悬钟报警，为抗日军民传递信息，功勋卓著，这一情景在电影《地道战》中得到了真实的还原。而当电影《地道战》拍摄完成后，两株古槐像是完成了最后一项使命似的，相继枯死，令人感慨不已。

南大冉村古槐模型

阳城村古槐

古槐位于保定市清苑区阳城村十字街，据古槐附近寺庙的碑刻记载，此树始栽于唐开元十一年（723 年），距今已有 1000 多年的历史。古槐树高 12 米，干高 2.5 米，胸围 3.78 米，冠幅 8 米 ×12 米。此树原有 4 条大杈，如同 4 条巨龙爬向街道的 4 个方向，近些年由于古槐的枝干下垂，村民们用立木将树杈支起。

蠡野线张登至望都段从阳城村中间穿过，古槐正好在路面的一侧，当地政府修路时将其他树全部砍掉，只保留了这株古槐。据当地村民介绍，修路时路基挖下去 1 米多深，竟未发现古槐的树根，所以古槐的树根没有遭到破坏。路修好后，当地政府专门修建了护栏对古槐进行妥善保护。如今，阳城村古槐依然枝繁叶茂，古朴壮观，巨大的树冠如一把遮天大伞，撑于半空。古槐雄壮的风姿、顽强的生命力成为阳城村灿烂文化的见证，也是阳城村人民不屈不挠、勇往直前精神的象征。

阳城村古槐

清苑区古树集萃

何桥村古槐

何桥村古槐共有两株，均位于保定市清苑区何桥村，树龄均在600年左右。一株位于何桥村村东，树高15米，干高3米，胸围3.2米，冠幅9米×8米，干已全空；另一株位于何桥村村西，树高13米，干高2.7米，胸围3.65米，冠幅12米×10米。

李胡桥村古槐

古槐位于保定市清苑区李胡桥村，树高10米，干高2.5米，胸围2.89米，冠幅12米×11米，树龄在200年左右。

中冉村古枣树

古枣树位于保定市清苑区中冉村的一户民宅中，树高8米，干高1.8米，胸围1.2米，树龄在100年以上。

中冉村古槐

古槐位于保定市清苑区中冉村，树高12米，干高5.5米，胸围1.65米，冠幅12米×13米，树干西斜，树龄在100年左右。

耿庄村古枣树

古枣树位于保定市清苑区耿庄村村民杨玲家墙外，树高4.7米，干高2.2米，胸围0.83米，冠幅4.8米×3米，树龄在100年以上。因古枣树的枝干弯曲向西南斜生，形似黑龙，故村民也称其为“龙枣”。

温仁村古栾树

古栾树位于保定市清苑区温仁村，树高8米，胸围1.2米，冠幅9米×12米，树龄在110年左右。

何桥村村东古槐

何桥村村西古槐

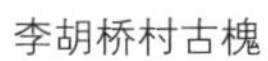

李胡桥村古槐

中冉村古枣树

中冉村古槐

温仁村古栾树

徐水区

贾庄村古柏树群

贾庄村古柏树群位于保定市徐水区瀑河乡贾庄村村西的玉皇顶（也称凤凰山）东面山坡上，有古柏 50 余株，树龄均在 600年左右。根据《徐水区志》记载，贾庄村于明永乐二年（1404年）建村，西邻太行山，东接瀑河水库，北有燕长城遗址。据贾庄村村民讲述，在南北朝时期，贾庄村村西的玉皇顶山上建有一座寺庙，名叫护国朝阳寺，寺中供奉着玉皇大帝，这也是该山玉皇顶之名的由来。相传古柏树群便是寺庙所种，当时贾庄村还未建村，山上多为乱石，不易存水，所以古柏能成活极为不易。

经过历史的变迁，寺庙虽已不复存在，但古柏却幸存了下来。据村中的老人们说，在他们的记忆中，古柏一直就像现在这么高大。据考证，主要是由于古柏根部的土质及干旱原因，才使得多年来古柏几乎没有明显的变化。老百姓们都说古柏有灵性，因此每逢正月十六的晚上，当地有折一些古柏树枝燃烧的习俗。

贾庄村古柏树群

沿公村古槐

沿公村位于保定市徐水城区以西 4 公里处，333 省道南侧。相传在北宋年间，北宋名将杨延昭驻军遂城，因辽国给宋朝进贡，要在此地设立验贡站而建立村庄，“沿公”之名便是由“验贡”谐音而来，此事在村中真武庙的碑文中有所记载。徐水区安肃镇沿公村有一株国槐树，2013 年经徐水县林业局鉴定，其树龄为 1200 余年，这在平原地区特别是在人口密集的村庄里是极为罕见的。

沿公村的这株古槐，树干已成空洞，可供孩子们钻进钻出。令人称奇的是，古槐虽仅剩靠南一侧的树皮还在存活，但树高依然有 12 米，树冠枝繁叶茂，生命力非常旺盛。近年来，沿公村村委会为了更好地保护这株古槐，不仅修建了水泥方池，还为南侧粗壮的树枝搭建了支撑。如今，古槐的周围已成为沿公村最受欢迎的休闲娱乐场所，人们闲时便会在树下乘凉休憩，展现出一幕人与自然和谐相处的美好景象。

沿公村古槐

广门村古槐

广门村位于保定市徐水城区以西15公里处，紧邻易保公路，交通便利。广门村历史文化悠久，据《徐水区志》记载：北宋时期，广门曾为宋将杨延昭驻守，乃御辽之关口。

广门村因村东、村西的两株古槐而闻名，这两株古槐是在珍稀濒危物种及古树名木资源调查中发现的，现已列入县级文物保护范畴，两株古槐的图文资料曾收录于《保定名村名镇》一书中。两株古槐的树干直径均有1米多，树高10余米，虽历经沧桑，却依然枝繁叶茂、生机无限。一株位于广门村小学校园内，苍劲挺拔，树木树人；另一株位于广门村中心地带，树冠如盖，干似虬龙，在炎炎夏日撑起一把巨大的“遮阳伞”，为村民保留一方清凉。树形向东倾斜，宛如蛟龙出海，蔚为壮观，常引来十里八乡的人到此观看。目前，广门村村委会已为两株古槐建起保护屏障，古槐附近的村民还自发行动起来，定期为其浇水治虫。这两株古槐成了广门村亮丽的名片，既承载着历代广门村村民深厚的感情，也延续着广门村悠久的历史记忆和文化传承。

古槐位于广门村中心街，树高 12 米，干高 3.5 米，胸围 3.3 米，冠幅 16 米 ×15 米，干空向西开裂，树龄在 500 年以上，为一级古树。

古槐位于广门村小学校园内，树高 14 米，干高 2.5 米，胸围 3.5 米，冠幅 10 米 ×9 米，干空向南开裂，树龄在 500 年以上，为一级古树。

广门村中心街古槐

广门村中心街古槐龙形树干

广门村小学古槐

勉家营村清真寺古柏

徐水区漕河镇勉家营村位于漕河镇中部，是一个回族村。相传，勉家营村的建立与13世纪时蒙古军西征颇有渊源。勉家营村的清真寺建于元代，寺内现存清乾隆、嘉庆、同治年间的重修碑记，寺内的古柏为同期栽种。如今，在勉家营村的清真寺内有古柏4株，其中两株于2013年经徐水县林业局鉴定并挂牌，树龄在800年左右。另外两株，一株树龄不详，但据树干直径估算，树龄应该也在600年以上；另一株为1970年补栽。抗日战争时期，原清真寺被破坏，现存清真寺为1940年村内乡绅及村民集资重修的。清真寺内的物品大部分已遗失，但古柏经过岁月的洗礼，在全体村民的保护下依然屹立，古柏现由勉家营村村委会及清真寺共同管理和保护。

勉家营村清真寺古柏

涿州市

义和庄乡古梨园

据史料记载，早在清乾隆年间，义和庄乡就已有种植梨树的历史，当地梨树中树龄最长的已达上百年。义和庄乡古梨园总面积达1.3万亩，其中树龄在100年以上的古梨树有2000余株，素有“万亩梨园”的称号。图中这些古梨树干围均在2米左右，冠幅约12米×10米，树龄均在200年左右。目前，义和庄乡古梨园里的古梨树管护到位，长势良好，四月花如雪，八月果满枝，是涿州市生态保护、生态建设的亮点之一。

义和庄乡古梨园

练庄村古槐

古槐位于涿州市东仙坡镇练庄村村内，树高 7 米，干高 2 米，胸围 3.2 米，树龄在 500 年左右。1937 年 8 月 13 日，100 多名日本兵从琉璃河出发，突然攻占了练庄村，开始了灭绝人性的大屠杀。具有光荣革命传统的练庄村人民，在老贫农张桂才的带领下，手持铁镐，奋起抵抗，杀气腾腾的日军小队长顿即丧命。日本侵略者狗急跳墙，兽性大发，用机枪向老百姓扫射，罪恶的子弹直穿张桂才、刘福二人的胸膛，两位村民当场英勇牺牲。然而日本侵略者并未善罢甘休，又将未被机枪打死的 29 名村民绑在古槐树上，用刺刀全部刺死，制造了骇人听闻的“八一三惨案”。烈士的鲜血浸透了古槐树下的每一寸土地，巍然挺拔的古槐是“八一三惨案”的见证者。为悼念死难同胞，控诉日本侵略者的滔滔罪行，1970 年，练庄村村民在古槐树下立了石碑。

练庄村古槐

涿州清真寺古树

据《涿县志》载："涿县清真寺凡二，一在城内西北隅，一在城西秧坊村，两寺之设盖肇始于明初燕王北迁时，迄今已有五百余年，均经数次重修矣。"涿州城内清真寺和西秧坊清真寺内都长有古柏，各自守护着寺中的生灵。

西秧坊清真寺古侧柏

西秧坊清真寺位于涿州市百尺竿乡西秧坊村村内，始建于明初，多次损毁重建。1998 年，西秧坊清真寺再次进行扩建，如今寺院占地 1904 平方米，总体布局为二进院，现为涿州市县级文物保护单位。古侧柏位于西秧坊清真寺内，树高 6.5 米，干高 3.5 米，冠幅 10 米 ×5 米，胸围 1.82 米，树龄在 600 年左右。古侧柏树势极弱，仅有一枝尚活。

涿州城内清真寺古树

涿州城内清真寺位于涿州市老城区西北隅营房街南端路西，坐西向东，四合院布局，总建筑面积 2426.34 平方米，主要建筑有门楼、影壁、大殿、南北讲堂、望月楼等。1992 年 5 月，涿州城内清真寺被定为县级文物保护单位。寺内现有 12 株古树名

西秧坊清真寺古侧柏

木，其中有7株为古侧柏，7株古侧柏中有6株为明代建寺之初栽种，距今已有500多年的历史，另外一株为清代栽种，距今也有100多年的历史。清真寺内的古侧柏虽饱经风霜，却至今仍干壮体美、枝叶繁茂。

1号古侧柏位于清真寺南院墙，树高9米，胸围2米，胸径0.64米，冠幅7米×6米，树龄在500年左右，长势旺盛。

2号古侧柏位于清真寺大殿台阶下南侧，树高5米，胸围1.2米，胸径0.38米，冠幅4米×4米，树龄在500年左右，长势旺盛。

3号古侧柏位于清真寺大殿台阶下北侧，树高5.5米，胸围1米，胸径0.32米，冠幅6米×6米，树龄在500年左右，长势旺盛。

4号古侧柏位于清真寺石碑前，树高7.5米，胸围1.4米，胸径0.45米，冠幅6米×6米，树龄在500年左右，长势较差。

5号古侧柏位于清真寺水房旁，树高8.5米，胸围1.9米，

涿州城内清真寺1号古侧柏

涿州城内清真寺2号古侧柏

涿州城内清真寺 3 号古侧柏

涿州城内清真寺 4 号古侧柏

涿州城内清真寺 5 号古侧柏

胸径 0.6 米，冠幅 5 米 ×5 米，树龄在 500 年左右，长势旺盛。

6 号古侧柏位于清真寺石碑东侧，树高 7.5 米，胸围 1.5 米，胸径 0.48 米，冠幅 4 米 ×4 米，树龄在 500 年左右，长势较差。

7 号古侧柏位于清真寺北侧，树高 6.5 米，胸围 0.7 米，胸径 0.22 米，冠幅 4 米 ×4 米，树龄在 100 年左右，长势旺盛。

8 号古槐位于清真寺门楼北侧，树高 9.5 米，胸围 1.6 米，胸径 0.51 米，冠幅 11 米 ×11 米，树龄在 350 年左右，长势旺盛。

9 号古槐位于清真寺门楼内东北角，

涿州城内清真寺 6 号古侧柏

涿州城内清真寺 7 号古侧柏

涿州城内清真寺 8 号古槐

涿州城内清真寺 9 号古槐

树高 11 米，胸围 1.8 米，胸径 0.57 米，冠幅 8 米 ×10 米，树龄在 350 年左右，长势旺盛。

10 号古槐位于清真寺门楼口北侧，树高 11 米，胸围 1.9 米，胸径 0.6 米，冠幅 8 米 ×10 米，树龄在 350 年左右，长势旺盛。

11 号古刺槐位于清真寺院内，树高 10 米，胸围 1.8 米，胸径 0.57 米，冠幅 6 米 ×8 米，树龄在 350 年左右，长势旺盛。

12 号古丁香位于清真寺大殿台阶下北侧，树高 2.8 米，胸围 0.5 米，胸径 0.16 米，冠幅 4 米 ×4 米，树龄在 100 年左右，长势旺盛。

涿州城内清真寺 10 号古槐

涿州城内清真寺 11 号古刺槐

涿州城内清真寺 12 号古丁香

清涿州行宫古树群

清乾隆十六年（1751 年），为迎接皇帝南巡，在涿州药王庙东侧，即现在的涿州市南关街 275 号，修建了涿州行宫，成为清代皇帝谒陵、巡狩、阅视、渔猎的休憩之所，乾隆、嘉庆、道光诸帝均曾在此驻跸。

1993 年 7 月，清涿州行宫被列为河北省重点文物保护单位。行宫内有 6 株古树，见证着行宫跌宕起伏的历史。

13 号古紫藤树位于行宫假山西侧，树高 8 米，胸围 0.9 米，胸径 0.29 米，冠幅 4 米 ×4 米，树龄在 250 年左右，长势旺盛。

14 号古紫藤树位于行宫假山东侧，树高 10 米，胸围 1.3 米，胸径 0.41 米，冠幅 7 米 ×7 米，树龄在 250 年左右，长势一般。

15 号古臭椿树位于行宫假山后东侧，树高 11 米，胸围 2.2 米，胸径 0.7 米，冠幅 10 米 ×10 米，树龄在 250 年左右，长势旺盛。

16 号古臭椿出位于行宫假山后西侧，树高 12 米，胸围 1.7 米，胸径 0.54 米，冠幅 11 米 ×11 米，树龄在 250 年左右，长势旺盛。

17 号小叶白蜡位于行宫假山前，树高 8 米，胸围 0.8 米，胸径 0.25 米，冠幅 5 米 ×5 米，树龄在 250 年左右，长势旺盛。

18 号古栾树位于行宫假山前，树高 6.5 米，胸围 0.58 米，胸径 0.18 米，冠幅 4 米 ×8 米，树龄在 250 年左右，长势旺盛。

清涿州行宫13号古紫藤树

清涿州行宫 14 号古紫藤树

清涿州行宫 15 号古臭椿树

清涿州行宫 16 号古臭椿树

清涿州行宫 17 号小叶白蜡

清涿州行宫 18 号古栾树

安国市

药王庙古树群

安国药王庙坐落于安国市城南，始建于北宋太平兴国年间，至今已有千年的历史。药王庙经历代增修扩建，至清咸丰年间始成现有规模，整座建筑占地 25 亩，分四进院落和两个跨院、一个广场，共 17 座单体建筑。庙前有两根铁铸旗杆，庙内有药王墓、十大名医像、药王正殿、寝殿等，是全国规模最大的纪念历代医圣的古建筑群，为全国重点文物保护单位。

药王庙中古树众多，古柏、古槐与药王庙相生相伴，共同历经风霜雨雪、人事变迁。

古柏位于药王庙院内，树高 16 米，干高 6 米，胸围 1.76 米，冠幅 11 米 ×10 米，树龄在 400 年左右（图 1）。

古柏位于药王庙院内，树高 11 米，干高 7 米，胸围 1.37 米，冠幅 5 米 ×5 米，树龄在 300 年左右（图 2）。

古柏位于药王庙院内，树高 16 米，干高 6 米，胸围 1.4 米，冠幅 10 米 ×8 米，树龄在 300 年左右（图 3）。

古柏位于药王庙院内，树高 13 米，干高 5 米，胸围 1.22 米，冠幅 10 米 ×8 米，树龄在 200 年左右（图 4）。

古槐位于药王庙院内，树高 13 米，干高 6 米，胸围 3.5 米，冠幅 12 米 ×10 米，树龄在 500 年左右（图 5）。

古槐位于药王庙院内，树高 10 米，干高 2.9 米，胸围 2.2 米，冠幅 11 米 ×11 米，树龄在 350 年左右（图 6）。

药王庙古柏

图5

药王庙古槐

药王庙古槐

高碑店市

杜村古梨园

杜村古梨园位于高碑店市辛立庄镇人民政府驻地西北1.5公里处，这里有梨树2000多亩，共计4.5万余株，主要种植雪花梨、小白梨等13个品种。古梨园中树龄在百年以上的古梨树有8200余株，每年的三四月份，千亩梨花盛开，团团云絮，漫卷轻飘，吸引无数游人驻足观看。

据《新城县志》记载，杜村最早的居民是于明永乐二年(1404年)由山西省洪洞县大槐树下移居于此的，当时有移民刘、李、范三姓家族被安排在此地建立村庄。此地之前为古河道，泥沙甚厚，土地瘠薄，杜梨树因抗旱能力极强而在这里遍生，因此建村后便以树名作为村名，曰杜村。据此推算，杜村古梨园中的梨树距今已有600多年的历史。据村中的老人回忆，抗日战争时期，杜村村民凭借古梨园的先天优势，在梨树上挂手雷，在梨树下埋地雷，在院子里挖地道，同日本侵略者展开了英勇的斗争。据说当时日本侵略者走进杜村的古梨园，转了半天，愣是没有发现有人居住的村子，古梨园就这样帮助杜村村民免去了一场战争浩劫。

自2016年以来，高碑店市文化广电和旅游局联合辛立庄镇人民政府连续4年在古梨园中举办了“高碑店·杜村古梨园旅游文化观光周”活动，在高碑店市东部乡镇打造了一个集旅游、休闲、观光于一体的娱乐场所。古梨园在今时又有了新的意义，再次焕发生机。

杜村古梨园“祖孙树”

杜村古梨园中的古树千姿百态。图中

杜村古梨园“祖孙树”

杜村古梨园古梨树

左侧的这株古梨树树高 8 米，胸围 2.1 米，古梨树的树干弯曲，一枝触地，树干后上方有一锯疤。远远望去，古梨树就像一位年逾古稀的老人手拄藜杖，背着襁褓中的小孙孙在艰难地行走，因此当地人也称此树为“祖孙树”。

杜村古梨园“化蝶树”

杜村古梨园中的古树妙趣横生。图中的这株古梨树树高 7.5 米，胸围 1.9 米，古梨树像一只破土而出、展翅欲飞的蝴蝶，因此当地人也称此树为“化蝶树”。

杜村古梨园“化蝶树”

栗各庄村古楸树

出高碑店市区，沿112国道西行3公里便可来到栗各庄村，村中学校操场的北侧有一株古楸树格外引人注目。古楸树树高超20米，干粗合围，硕大的树冠恰似一把大伞，为来往的人们挡风避雨。

栗各庄原名郦哥庄，传说郦道元就出生在这里。郦道元从15岁起即当家主事，因性格豪爽，仗义疏财，为人公道又知书达礼，村里的男女老少都亲切地称他为“郦哥”。久而久之，村子也被称为郦哥庄，后来演变为栗各庄。北京社会科学院历史研究所副所长尹钧科先生依据史料考证，确定郦道元的家乡有两处，一处位于涿州南，一处位于新城县（今高碑店市）栗各庄村。据《水经注·巨马水》记载，郦道元六世祖由涿州迁至栗各庄。

郦道元是北魏时期的大文学家和地理学家。他出生于官宦世家，父亲郦范做过朝廷重臣，郦家家风淳朴，友善乡邻。郦道元为长子，父亲郦范去世后，郦道元承袭了永宁侯的爵位，任御史中尉。20世纪50年代，贾各庄村的一个村民在郦亭遗址附近起土盖房，挖出一枚“永宁侯”铜印，这也为栗各庄村是郦道元故里的说法提供了有力的佐证。

郦道元在任时为官清廉，公正不阿，爱民如子，重视农桑。当地百姓为了纪念郦道元，在村南修建了一座亭子，并在亭子周围遍种楸树，取名郦亭。后来经历战乱，亭子被毁，楸树也越来越少，最后仅剩两株，且枝叶也是稀稀落落。

改革开放后，国家复兴，古楸树也奇

迹般地复活了。自此，每年早春时节，古楸树都会早早发芽，盛开一树淡粉色的花，飘散着淡淡的清香，沁人心脾。当地百姓都以为古楸树有灵性，能保佑村子人寿年丰。百姓寄予古楸树朴素的希望，而古楸树真正传承给后人的则是善良勤劳、互帮互助、团结友爱的郦道元精神。

栗各庄村古楸树

顺河庄村古槐

被称作铜帮铁底的秀水——运粮河，曾在高碑店市附近流过，而如今的顺河庄村便是沿运粮河而建的。顺河庄村的村中央有一株古槐静静地矗立着，它见证了顺河庄村的建立和发展，它看着村民耕作，望着炊烟袅袅，它那直径 1.1 米的宽厚身姿，每每驻足，总令人心安。经高碑店市农林局的专业人士鉴定，判定这株古槐在辽宋时期就已存在，距今已有千年历史。

古槐本可千年葳蕤，万年长青，但据说在抗日战争时期，日本侵略者为检查古槐树洞中是否有人藏匿，便用机关枪向古槐的树洞疯狂扫射，以致古槐遭受破坏并起火燃烧。古槐在 2010 年前后开始呈现衰败之气，村民曾尝试把它救活，但无奈天不遂人愿，古槐在 2015 年前后彻底衰亡。可将死的古槐却坚持与命运抗争，一株新的生命在古槐的根部孕育而出。如今，稚嫩的新树周长仅 0.72 米，高不过 3 米，即便如此，这也算是让古槐的生命得到了延续。

古槐历经漫长岁月，无言地矗立在顺河庄村的村中央，成为村民心中的“神树”。当地百姓将古槐作为一种心灵寄托，每当生活中遇到困难便会去古槐处祈祷。如今，古槐已经作为一种信念存在于当地，是百姓心中希望的象征。20 世纪 90 年代初，顺河庄村的村民开始有意识地保护这株庇佑了村庄千年的古槐。1990 年，村民用水泥沿古槐树干一周砌上了矮墙。2017 年，村民将矮墙换成了铁栅栏，并在栅栏内铺设鹅卵石以作装饰。

顺河庄村古槐

垡头村古梨树

高碑店市肖官营镇的东垡头村、西垡头村的梨树种植历史非常悠久，可以追溯到200多年前。由于两个村子地处白沟河洪滞地带，十年九涝，当地勤劳智慧的村民遵循“旱枣涝梨”的传统，开始种植梨树，并借此发家致富。两个村子现种植梨树1100多亩，共计1400余株，其中树干直径在0.7米以上的梨树达200余株，树龄在200年左右的古梨树约有1200株。古梨树虽历经岁月的洗礼，但依然长势良好，依然保持着旺盛的生命力，每年都会绽放出美丽的花朵，结出累累的果实。

东垡头村和西垡头村的“两委”班子说起各自村里的古梨树，都是如数家珍。2019年，两村的党支部成功联合举办了第一届梨花节，并组织协调乡下剧团、农村歌舞队开展具有浓郁乡土气息的文化演出，吸引周边村民前来赏花、踏青。如今，两个村子在努力保护古梨树的同时，还积极引导村民种植新品种，不断扩大种植面积。目前，两个村庄已形成“村在林中，林中有村”的美丽画面。

垡头村古梨树

温家佐村云堂寺古槐

古槐位于高碑店市肖官营镇温家佐村新建村委会以东 300 米处，屹立于益民巷东侧，当地人称其为云堂寺古槐。古槐底部周长 4.6 米，直径 1.46 米，树干已空，但枝叶茂盛，郁郁葱葱。

据说古槐西侧曾有一座古庙，名为云堂寺，寺内曾有一座功德碑记载古庙的修建时间和捐资名录。由于种种原因，云堂寺和功德碑现已不复存在。根据古庙与古槐的渊源推断，古槐大约是在明代中期栽种，距今已有 500 余年的历史。古槐西侧的徐家院内还保留着两株古槐，按年轮计算应有 300 年左右的历史。温家佐村云堂寺古槐是不可多得、不可替代的文化资源，是活着的文化。温家佐村非常重视对村文化的保护与传承，现已把云堂寺古槐用护栏保护了起来。古槐是发展的年轮，是一代代人的记忆，是一个区域良好生态环境的标志和象征，更是一个村庄历史传承的灵魂。

温家佐村云堂寺古槐

博野县

冯村古梨园

古梨园位于博野县博野镇冯村村内。冯村地处唐河故道，该村与沙窝村相邻，两村共有梨树 3000 余亩，其中树龄在 100 年以上的古梨树近 8 万余株，树龄在 200 年以上的古梨树有 2500 余株，古梨树树龄最长的近 400 年。据说抗日战争时期，日本侵略者想毁掉冯村的梨园，最终经过冯村爱国人士仁岚亭的百般周旋才得以保存。如今，冯村村民将发展的目光放在了老祖宗留下的古梨树上，积极开发特色产业，古梨园成了冯村的特色名片和主要创收来源。

古梨树树高 8 米，胸围 1.7 米，冠幅 12 米 ×11 米，树龄在 300 年以上（图 1）。

古梨树树高 8.5 米，干高 2.1 米，胸围 1.71 米，冠幅 10 米 ×9 米，树龄在 300 年以上（图 2）。

古梨树树高 8 米，干高 1.7 米，胸围 1.94 米，冠幅 10 米 ×10 米，树龄在 300 年以上（图 3）。

古梨树树高 7.5 米，干高 0.9 米，干围 1.6 米，冠幅 12 米 ×8 米，树龄在 200 年左右。该树主枝弯曲，树形美观，分枝处轻腐（图 4）。

古梨树树高 7 米，干高 1.5 米，胸围 1.5 米，冠幅 12 米 ×11 米，树龄在 200 年左右（图 5）。

冯村古梨树

图 4

图 5

冯村古梨树

定兴县

姚村古槐

古槐位于定兴县姚村镇姚村大街上，树龄在500年左右，为一级古树。2019年9月，保定市人民政府对古槐给予了挂牌保护。

古槐所在的姚村是一座千年古镇，坐落在定兴、易县、徐水三地的交界处。这里地势平坦，土质肥沃。相传在唐代初年，山西移民来此定居，移民以烧窑为业，当时取村名为窑村。之后来此定居的人越来越多，其中姚姓成了大户，因“窑”与“姚”同音，村名就逐渐演变成了姚村。

古槐在姚村的历史上占有重要地位，姚村自古以来就有“三山五井七十二箍钉一百单八槐”的说法。至今仍有很多关于一百单八株古槐的美妙传说印刻在当地村民的脑海里，流传在当地村民的笑谈中。

在姚村所有的古迹中，一百单八株古槐名列前茅，但如今古槐仅剩11株。三里长街从北到南，这些古槐像高大笔直的卫士，昂首挺胸，分列两旁。古槐的树干高耸入云，树冠茂盛蓬松，一株株古槐就像是一把把撑开的巨伞遮阳蔽日，即使是炎热的夏季，行人在街上来来往往也会感到十分凉爽。这些古槐穿越了历史的沧桑，如今仍旧枝繁叶茂，成为一道亮丽的景观。

中国移动
China Mobile
大盘鸡
清
真
刀削面 多种家常菜
蓝色经典
杰出连锁
多伦斯
净水器
自来水管路清洗
暖气热水器清洗
空调太阳能清洗
国药店

姚村古槐

沿村古圆柏

沿村位于北易水河西岸，地势较低，常受水淹，故最早取村名为淹村，又因“淹”与“沿”谐音，后村名逐渐演变为沿村，相传早在宋代初年便已有人在此定居。古圆柏位于定兴县高里乡沿村村边，树高 9 米，干高 5 米，胸围 5.86 米，冠幅 10 米 ×9 米，树龄在 1000 年以上。

当地有一个关于用柏树枝烤火的风俗的传说。相传古时候当地很多人总是腰腿疼，为救助百姓，观音菩萨便将一株小树苗栽种在村中，并言说正月十六晚上用树苗的枝叶烤火，腰腿疼即可痊愈，百姓试后，果然有效。于是，每年正月十六晚上取柏树枝烤火便逐渐成了当地人的一个风俗。

沿村古圆柏

阜平县

城南庄革命纪念馆古树群

城南庄革命纪念馆位于阜平县城南约 20 公里处的苍山脚下，胭脂河畔。纪念馆内绿草如茵，林木蔽日，在一株株、一行行、一片片的林木之中有近 30 株都是百年古树。抗日战争时期，这里是中共中央北方局、晋察冀边区政府、晋察冀军区司令部的驻地，毛泽东、周恩来、任弼时等老一辈革命家都曾在此进行过一系列重大活动。这些古树不仅见证了日本侵略者的残暴和国民党的反动统治，也目睹了中华民族抗日战争、解放战争的伟大胜利。

古槐位于纪念馆内“毛泽东宿办室”门前，树高 20 米，干高 3.3 米，胸围 2.04 米，冠幅 20 米 ×18 米，树龄在 100 年以上。

古桧柏树高 15 米，胸围 1.5 米，冠幅 7 米 ×8 米，树龄在 100 年左右。

城南庄革命纪念馆古槐

城南庄革命纪念馆古桧柏

周家河村古树

周家河村古侧柏

阜平县吴王口乡周家河村的半山腰上，有一株树高16米，胸围7.4米，侧枝直径超1.1米，树冠直径达50米的千年侧柏，树龄有2300年之久，为一级古树。古侧柏主要由3个树干组成，枝繁叶茂，苍劲有力地伸向半空。古侧柏的西南枝干伸向周家河村，树枝上缠绕着几条红色绸缎，随风飘扬，静观沙河流淌。2017年11月，周家河村的古侧柏入选了“2017年美丽河北·十佳最美古树”。

电影《树大根深》曾在周家河村古侧柏树下取景拍摄。电影讲述了在太行山革命老区，退休的农场老场长卖房回家包山栽树，通过劳动教育儿女的故事。电影不仅体现了父爱如山的主题，而且反映了保定人善良、勤劳、诚实的品质。影片由保定市清苑区剧作家袁凤岐任编剧，中央电视台导演石磊执导，国家一级演员崔可法、郭怡、路国奇、温玉娟等领衔主演。

周家河村“爱情树”

在周家河村村边的山坡上，生长着3株古树，一株是柏树，两株是枫树。据当地百姓讲，3株古树之间流传着一个关于“柏树王子”和“枫树姐妹”的爱情故事。相传，“柏树王子”威武高大，在山坡上常年经风历雨，后来“枫树姐妹”经过这里，对“柏树王子”一见倾心，决定以身相许，从此就在“柏树王子”的树荫处定居下来，常年陪伴着“柏树王子”。据此传说，村里人都称这3株古树为“爱情树”。这3株象征着爱情的古树，在枝与枝、根与根

周家河村古侧柏

可以触碰到的距离中，默默凝视。虽然岁月轮转，3株古树却始终相濡以沫、不离不弃，坚守着那个与生俱来、天荒地老的承诺。

还有另一个关于3株古树的传说，与“爱情树”的传说不同，这个传说则更显凄美。相传，在周家河村的对面有一座桃花山，桃花山中有一个桃花寨，桃花寨中有位容貌倾国倾城的桃花仙子。周家河村的周公在山中狩猎时偶遇桃花仙子，因言语不当，惹怒仙子。于是桃花仙子便把周公点化成了一株柏树，并让其屹立在周家河村村口，以警示后人。周公的两位夫人知道后，守着柏树不肯离去，整天以泪洗面，最后化成两株枫树陪伴左右。深秋时节，枫叶鲜红似火，与苍翠雄壮的柏树咫尺守望，风景

周家河村“爱情树”

独特。桃花仙子点化周公的传说，既为村民留下了要重德修身的警示，又宣扬了两位夫人的忠孝贞节。虽然传说并不可信，但从中可体会到当地人对于美好爱情的向往和期待。

周家河村古五角枫树

古五角枫树位于阜平县吴王口乡周家河村村后，共两株，树龄均在500年左右。南株树高20米，干高4.5米，胸围2.95米，冠幅25米×25米；东株树高20米，干高3米，胸围3.1米，冠幅20米×20米。

周家河村古五角枫树

西庄村古柏

在阜平县王林口乡西庄村雄踞着一株古柏，虽历经百年沧桑，却毅然苍劲挺拔，生机无限。古柏树高12米，树围1.25米，树根粗壮，枝干遒劲，据有关部门鉴定，古柏的树龄至少已有300多年。在建设阜东新区时，由于古柏所在位置影响了主道路施工，不得不将其移植到变电站南侧的空地。目前，虽然古柏的树干、主枝大部分已枯朽，但树干东南方向保留的一个主枝及部分侧枝仍在继续生长，并已形成了新的树冠，古柏再次焕发生机。关于这株古柏，当地流传着许多传说，其中流传较为广泛的是说清乾隆年间，皇帝多次经过阜平赴五台山进香，其间数次在西庄村普佑寺小住，并在寺中种下柏树，以表虔诚。这些传说的真假虽无从考证，但在当地百姓的心中，古柏就是他们的“神树”，庇护了一代又一代的村民，古柏未来也将继续守护着这方沃土，护佑着一方百姓。

西庄村古柏

方太口村古柏

方太口村的古柏共两株，位于阜平县王林口乡方太口村的一个小山上，两株古柏并生，树龄均在500年左右。东株树高8米，干高3米，胸围2.52米；西株树高8米，胸围2.14米。相传，这两株古柏是连着天和地的橛子，故当地人也称其为“连天橛”。

方太口村古柏

下堡村古槐

阜平县砂窝镇下堡村以其深厚的文化底蕴闻名冀西、晋北一带，在下堡村有一株号称“天下第一槐”的古槐。据《阜平县志》记载，下堡村建于唐武德六年（623 年），距今已有近 1400 年的历史，而建村时就已经有了这株古槐。传说当年建村时，风水先生认定这里是一块风水宝地，非常适合做阳宅。尤其是这株古槐，是一株“福树”“富树”，如果围绕着这株古槐建村，村里的人会祖祖辈辈福寿绵长、香火永续，于是下堡村就围绕着这株古槐建立了起来。

根据年轮推算，下堡村的这株古槐已有 2700 多年的树龄。古槐树高 10 米有余，树干已中空，可以钻进去五六个人。下堡村有几句流传多年的民谚：“千年的柏万年的松，不如老槐树空一空；千年的松万年的柏，不如老槐树一扑甩。”说的就是这株古槐的树龄已经远远超过了冬夏常青的松树和柏树，可见其历史的悠久。

古槐的传奇故事

关于下堡村古槐的由来，有一个奇妙的神话故事。传说当

下堡村古槐

年孙悟空大闹天宫，一个筋斗翻上了凌霄宝殿。王母娘娘一见孙悟空的模样着了慌，身子不由得一哆嗦，怀里揣着的一包树籽就掉了下来。其中有一颗树籽就落在了下堡村这块地方，树籽在这里生根发芽，最终就长成了这株古槐。

下堡村的古槐在当地老百姓的眼里有着神秘的色彩，发生在它身上的神奇传说数不胜数。据说，成仙的狐狸都是住在老槐树上的，因此下堡村的古槐树上住着狐仙的说法由来已久。早年间，村里的孩子患了夜哭症，孩子们的父母就会在古槐树下点上一炷香，再祷告几句，回家后孩子还真能睡个安稳觉。狐仙屡屡显灵，村民对此笃信不疑。于是逢年过节，村民都会在古槐树下放些供品，希冀狐仙可以保佑一家人平平安安。因为狐仙的传说，古槐的一枝一叶村民都不敢妄动，也正因如此，古槐得到了很好的保护，使得古槐可以安全地存活至今。

战争年代的“英雄树”

下堡村的古槐还有着“英雄树”的美称。1941 年，日本侵略者发动了惨绝人寰的秋季“大扫荡”。这一天，有几名八路军伤病员正在下堡村休养，不料 100 多名日伪军对下堡村发动了突然袭击。危急时刻，伤病员被乡亲们隐藏在了古槐的树洞里，并最终成功掩护伤病员安全撤离。后来晋察冀军区的某位参谋长曾来到古槐树旁，用手拍着古槐的树干说：“老槐树呀老槐树，你真是一株名副其实的‘英雄树’啊！”

法华村古槐

古槐位于阜平县阜平镇法华村村内，树高 20 米，干高 2.6 米，胸围 5.5 米，冠幅 18 米 ×15 米，树龄在 1000 年左右。据传，唐代时有一个和尚云游至此，发现古槐长得枝繁叶茂，认定此地是块风水宝地，于是在此修庙，取名法华寺。法华村建于 1681 年，因法华寺而得名。据旧县志载，康熙皇帝到五台山朝拜时路经此地，也曾看过古寺，拜过古槐。

法华村古槐

白羊口村古槐

阜平县砂窝乡白羊口村有一株古槐，据专家考证，古槐已有上千年的历史。古槐树高27米，胸围6.5米，冠幅38米×36米，为一级古树。抗日战争时期，古槐历经战争的洗礼，现在古槐树干上的弹洞还清晰可见。如今，虽饱受千年的风吹雨打，历经沧桑，古槐仍旧根深叶茂。

白羊口村古槐

龙泉关村古槐

龙泉关是明长城的一处重要关隘，位于阜平县西部的龙泉乡，东临阜平县城，西界五台山，北近平型关。明代曾派重兵在此把守，素来是战略要地。在这里，沿明长城而生的古槐数不胜数，这些古槐历史久远，历经沧桑，像沉默的卫兵执着地守护在龙泉关的两旁。

关口古槐

古槐位于阜平县龙泉关村东端，共有两株，树龄均在500年左右。东株树高18米，干高4米，胸围3.65米，冠幅20米×18米；西株树高15米，干高8米，胸围3.9米，冠幅20米×10米，向北斜生，恰似巨龙。

民间有一个关于龙泉关古槐形似巨龙的传说。相传，康熙皇帝独自一人打扮成平民模样到五台山朝拜。康熙骑着毛驴来到了龙泉关，守门士卒让他下驴过关，康熙则坚持要骑驴过关。双方正在交涉，此时毛驴抬头一望，见西侧的那株古槐上仿佛盘着一条正在偷看康熙的巨龙，吓得毛驴转头就往回走，结果康熙只好绕道吴王口村去的五台山。民间传说虽可信度不高，但足可见古槐的生长形态的确与众不同，才能留下如此津津乐道的传说故事。

龙泉关村三道街古国槐

龙泉关村的三道街上有两株树龄均在700年左右的国槐。两株古国槐树干粗壮，枝叶茂盛，相邻而生，形态各异。东株直立挺拔，直插云霄，似巨龙腾飞；西株婀娜多姿，树身长得倾向地面，似

龙泉关村三道街古国槐

凤凰展翅，故当地人将两株古国槐称之为“龙凤树”。两株古国槐相依相偎，不离不弃，成为龙泉关的著名一景。

龙泉关村十字街南侧古槐

龙泉关村的十字街南侧有一株古槐，树龄在600年左右，树干粗壮，枝杈对称向上生长，远远望去十分美观。

龙泉关村十字街南侧古槐

炭灰铺村古槐

古槐位于阜平县大台乡炭灰铺村村内，树高 15 米，干高 6 米，胸围 4.5 米，冠幅 12 米 ×11 米，树龄在 1000 年左右。古槐原在唐代修建的鱼龙寺寺内，寺中共有古槐 3 株，如今仅存此一株。

几百年来，当地村民对古槐实施了重点保护，还在树前盖了槐仙庙，奉古槐为“槐仙”。逢年过节，村民们便会在古槐树下烧香摆供，敲锣打鼓，载歌载舞，祈求“槐仙”保佑风调雨顺、国泰民安，这种做法一直传承至今。

炭灰铺村古槐

下桃花村古槐

下桃花村位于阜平县城以西 2 公里处，村中有株古槐，树龄在 400 年左右，为二级古树。古槐树高 9 米，干高 3.8 米，胸围 2.6 米，树冠直径 8.55 米。

抗日战争时期，下桃花村的村民们积极加入抗日队伍，当时村中的中共党员就以古槐作为联络点接收上级党组织的工作安排，可以说古槐见证了下桃花村人民的英勇抗日活动。

古槐历经岁月的摧残现已空心，曾经还因失火被烧过一次，导致树身残缺，阜平县政府已对其发放了保护牌。

下桃花村古槐

印钞石村古槐

印钞石村是阜平县最西端的一个小山村，隶属龙泉关镇。印钞石村扼晋冀咽喉要道，距离五台山约 30 公里，过去是京城及周边区域朝拜五台山的必经之所和打尖住宿之地。印钞石村古槐位于印钞石村一处山坡的北坡，树高 14 米，干高 3.5 米，胸围 3.1 米，冠幅 15 米 ×15 米，树龄在 200 年左右。相传，顺治皇帝到五台山出家时，本想背靠此树小憩，不料竟睡着了。睡梦中他见两条金龙盘于槐树树冠之上，顺治惊醒，醒后发现这株槐树与其他槐树不同，其枝条弯曲，似龙蛇缠绕，故后人也称此槐为“龙槐”。但通过古槐的树龄可以推断，此传说应为虚构。

印钞石村古槐

夏庄乡古槐

阜平县夏庄乡位于阜平县西南部，距阜平县城 40 公里。夏庄乡种有许多槐树，其中有 4 株历史悠久的古槐分别坐落于夏庄乡的六轴村、高家地沟村、干石沟村和羊道村。

六轴村古槐

六轴村古槐的树龄有 500 多年，古槐见证着村庄的发展和变迁。据村民讲述，以前过年的时候，附近村子都会有人去给古槐披上一块红布，也有人在古槐树下烧香祈福。相传，这株古槐的由来与移民有关。六轴村最早的村民是自山西而来的移民，他们有迁徙后种槐树的传统，这一传统是为了告诉后代不要忘记自己是从哪里来的，这是一种根文化的传承。古槐就像一个坐标，它屹立在华夏大地上，诉说着几百年的迁徙史。

高家地沟村古槐

高家地沟村古槐的树龄有 300 多年，村民间流传着“先有老国槐，后有高家地”之说。一眼望去，古槐的树干斜倚着，粗壮而结实，树叶茂盛而翠绿，不禁让人油然而生敬畏之情。

在高家地沟村百姓的心中，槐树为吉祥之木。如今，每到

六轴村古槐

逢年过节时都会有村民去烧香祭拜古槐，而说起烧香祭拜古槐这件事，村里还流传着一个传说。相传很久以前，古槐的树干上盘踞着一条十几米长的大蛇，此蛇能够呼风唤雨。有一年夏至后的第三天，正值大潮汛时期，烈日当空，百姓们热得连气都喘不过来。午时许，天空突然乌云密布，此时从未下过槐树的大蛇居然下树来觅食。没过多久，狂风怒号，暴雨倾盆而下。之后接连三天三夜风雨交加，树木被连根拔起，大地汪洋一片，人畜伤亡惨重，百姓们叫苦连天，人们都认为是这条大蛇的搅扰造下了罪孽。从此之后，当地百姓开始逢年过节就烧香祭拜古槐，希望古槐能够困住这条大蛇。神奇的是，村庄之后连年风调雨顺，百姓安居乐业。传说虽不可信，但烧香祭拜古槐的

高家地沟村古槐

做法却被当地村民一代代流传了下来。

千石沟村古槐

千石沟村古槐的树龄有300多年，虽是在道路旁自然生长，可它就像守护神一样守护着这个村落，让这里的村民和谐安康，安居乐业。古槐树干粗壮，树冠向四周延伸，从远处望去，就像一只伸开的大手。古槐努力向高处生长的特殊形态给村民以精神鼓励，村民们都希望能够像这株古槐一样，不畏困难，努

千石沟村古槐

力生长，通过自己勤劳的双手，走出大山，了解外边的世界，实现自己的人生价值。

羊道村古槐

羊道村古槐的树龄有 300 多年，树高约 25 米，胸径约 0.75 米，古槐如今依旧枝繁叶茂。为了更好地保护古槐，当地村民在树根部搭建了一个约 5 平方米的护树花坛。

羊道村古槐

城厢村古槐

在勤劳善良的阜平人民心目中，位于阜平县阜平镇城厢村南街的3株古槐有着非同寻常的意义，关于这3株古槐流传着不少美丽的传说。在这3株古槐的庇佑下，城厢村南街这条千年的古城老街至今仍生意兴隆，繁花似锦。

城厢村南街东古槐

南街东古槐位于城厢村南街东侧的刘家大院内，树高14米，干高4.5米，胸围2.75米，树冠直径20.5米，树龄在450年左右。相传，这株古槐树上住着神灵，如果谁家有人得了病，就会有村民来古槐树下叨念、讨药。传说的可信度虽不高，但寄托了在那个困难年代穷苦老百姓对美好生活的期望。

城厢村南街西古槐

南街西古槐位于城厢村南街西侧，树高14米，干高3.5米，胸围3.75米，树冠直径15.75米，树龄在800年左右，为一级古树。抗日战争时期，曾有八路军来到城厢村，他们看到南街西侧的这株古槐颇具灵气，当即决定把指挥部设在古槐树下的民房里。

城厢村南街中古槐

南街中古槐位于城厢村南街的中间位置，树高16米，干高3米，胸围4米，树冠直径21.1米，树龄在1000年左右，是南街3株古槐中树龄最长的一株，为一级古树。古槐好似通人性般地生长于不妨碍人类活动的位置，与老街上的居民长久地和谐共处，因此才得以比较完好地存活

城厢村南街东古槐

了下来。古槐不仅成为南街的一大特色景观，同时也成为人们追求平安幸福的一种象征和寄托。远远望去，这株虽历经沧桑却仍生机勃勃的古槐像一个昂起的龙头，又如一把撑开的巨伞，映衬在蓝天白云之下，更显得苍劲挺拔、肃穆神圣，它默默地庇护着这一方水土，成为平安吉祥、幸福美好的象征，被誉为“南街第一槐”。

城厢村南街西古槐

城厢村南街中古槐

李家台村古槐

古槐位于阜平县阜平镇色岭口村李家台自然村，树高 18 米，干高 4 米，胸围 5.5 米，树冠直径 20.25 米，树龄在 1500 年左右，为一级古树。古槐枝分三杈，树形优美，历史悠久，成为李家台村一道美丽的风景线，见证着村里的发展变迁。

相传，古槐树上住着多位神仙，他们一起保佑着村里的平安，这也进一步增加了村民们对古槐的敬畏之情。如今，每逢农历初一、十五，仍有村里人到古槐树下烧香祭拜，祈求平安吉祥、风调雨顺、五谷丰登。还有传说讲道：康熙皇帝去五台山时曾打此路过，并祭拜此树，因此如今很多外地人路过古槐时都要停下来参观一番。古槐蕴含着丰富的人文历史，河北省考古学院的专家对该树做过多次实地考察。

李家台村古槐

北水峪村古树

北水峪村古槐

古槐位于阜平县平阳镇北水峪村村内，树高约11米，干高3米，树冠直径约9.7米。古槐虽已经历了近千年的风霜雨雪，可至今仍然干壮体美、枝繁叶茂。

相传在1403年，北水峪村的第一批村民自山西省洪洞县大槐树下迁移到平阳镇。在这里他们见到了这株古槐，一股思乡之情油然而生，遂决定在此处定居，开创新生活。从此，这株古槐便陪伴着一代又一代的北水峪村村民共同成长。闲暇之余，村民们围在古槐树下谈论家长里短，古槐逐渐成为村民生活的一部分。如今，虽然不少北水峪村的村民已搬迁至他处，但是这株古槐依旧伫立在此，静静地守护着留下的村民。

抗日战争时期，北水峪村古槐曾保护村民免遭日本侵略者的杀害，被当地村民亲切地称为“救命树”。

抗日战争时期，阜平县作为革命根据地，遭到了日军的野蛮侵略，日军在平阳镇制造了惨绝人寰的“平阳惨案”。北水峪村也遭到了日军的疯狂轰炸，致使村民四处逃命。一发炮弹曾落在古槐东侧，当时一位坐在木碾子上正给孩子喂饭的母亲被弹片击中，当场身亡，孩子在母亲的保护下才活了下来。躲在古槐西侧的村民刘鸿勋、刘新宽、刘新云、刘双云等人，因古槐树干的遮挡，才幸免于难。自此之后，这株古槐被村民们称之为“救命树”。时至今日，古槐的树干上仍可看见当年弹片

北水峪村古槐

留下的痕迹。北水峪村古槐是日本侵略者野蛮行径的见证者，是红色历史的亲历者，它时刻提醒着我们：勿忘历史，勿忘国耻，以史为鉴，奔向强盛。

北水峪村古槐，历经近千年岁月，凭借着顽强的生命力，扛过了风雪袭击、炮弹轰炸。古槐60余年更换一回树底，不断长出新枝，逐步形成新冠，如此循环，延续不断。古槐的生命力就如同坚强的北水峪村村民一样，不畏艰难险阻，永远朝着新生活前进。

北水峪村古枣树

北水峪村的两株古枣树是目前所知保定地区最早的人工嫁接而成的婆枣树，其树龄均在800年左右。一株树高8米，干高2米，胸围1.7米，冠幅8米×10米；另一株树高8.5米，干高1.8米，胸围1.63米，冠幅7米×7米。如今每到秋季，深红色的果实仍是挂满枝头，古枣树真乃老骥伏枥，赤心不已，可敬可颂。

江汤沟村古槐

阜平县砂窝乡江汤沟村有一株千年古槐，干高13米，为一级古树。这株古槐历经沧桑，它的独特之处在于它的树根是从石墙中斜着生长出来的。在静谧的乡村里，这株古槐就像一幅古老而有意境的画卷，静静地见证着村子千百年来的发展。

古槐传说

古槐在村民们的心中意义非凡。相传，古槐树上住着一位“长仙”，村民们为其供奉香案，谁家孩子有什么不舒服了，就去古槐树下烧纸祷告，不出三日，孩子的病症就会消失。当遇上干旱的年份，村民们就会来到古槐树下求雨。据村里的老人说，有时上午求过雨，下午就会大雨倾盆。这些传说虽不可信，但从中可以得知当时人们对身体健康和风调雨顺的期盼。

抗日战争见证者

抗日战争时期，江汤沟村的古槐曾为3名八路军战士做过掩护。据说当时有一个叫赵卷子的八路军连长，他在一次战斗中受了伤，日本侵略者四处对他进行抓捕，最终赵连长和两位八路军战士不得已躲进了古槐的树洞中，这才暂时逃过一劫。一连躲了几天，赵连长和两位战士一直没有吃喝，江汤沟村的村民知道后，纷纷给他们送来了粮食和水，可他们坚决不肯接受。又过了几天，赵连长与两位战士实在饥渴难耐，只得从树洞里出来寻找食物，可就在距离古槐大概 50 米处的石碾子旁不幸被敌人发现。3 人往不同的方向撤退，敌人分头追去。最终赵连长和一位战士被敌人抓住，并被当场杀害，另一位战士则幸存了下来。古槐无言地伫立在那里，见证了战争年代的残酷。

江汤沟村古槐

养马楼村古槐

阜平县砂窝乡养马楼村有一株古槐，树高 30 米左右，干高 3 米，胸围 3.7 米，树冠直径约 20 米，树龄在 600 年左右，为一级古树。古槐根深叶茂，但与其他古槐不同的是，大约 30 年前，在古槐树根处又生出两根新树枝。其中一根后来被大风刮倒折断，另一根则是长势良好，当地人都说那是古槐在培养自己的“接班人”。

古槐树干粗大，需要五六个人同时伸出双臂才能抱住，是夏季人们乘凉聊天的好去处。村民们常常坐在古槐树下，听村里的老人讲述着这株古槐的过往。抗日战争时期，古槐幸运地躲过了日本侵略者的烧杀抢掠，却没有躲过天灾。大约 20 年前，村中降下一场大雪，古槐不堪重压，断了一根树杈，至今它的伤痕还依稀可见。村里人都相信这株古槐是一株“福树”，所以常有人在古槐的树干上挂红布，用来图个吉利、求个平安。后来，村里人还在古槐的树根处设立了板凳高的香案，如今仍时常有人来这里上香。

养马楼村古槐

全庄村古槐

古槐位于阜平县砂窝乡全庄村村东，树高23米，胸围3.7米，树冠直径20多米，树龄在350年左右。由于水分充足，古槐根系发达，枝繁叶茂，静谧地伫立在村内。

古槐位于村子的正东，村子北边有一座形状像龙的山，村子南边有一座形状像猪的山，两山一树形成了一个好似“聚宝盆”的地势，将全庄村很好地“保护”了起来。抗日战争时期，阜平作为晋察冀边区根据地，抗日斗争十分激烈，阜平县常常遭到日本侵略者的“扫荡”。传说当时残暴成性的日本侵略者来到全庄村，在用尖刀刺杀了齐家老太太后看到了古槐，顿时心生敬畏，集体跪拜，之后便不敢再进行杀戮，在村中找了些粮食就离去了。

新中国成立初期，全国上下大搞生产。那时村里没有电话，生产队就在古槐上挂了个大钟，用敲钟的方式通知人们上工、下工。炎炎夏日，村民们常常在古槐树下乘凉，却没有人见过古槐掉枝，人们猜想大概是古槐怕伤着人，就连掉枝也都会挑在没有人的时候。如今，每逢农历初一、十五，逢年过节，就会有村民到古槐树下祭拜，祈求平安和丰收。古槐虽历经沧桑，却仍旧忠诚地守护着全庄村的一方百姓。

全庄村古槐

大岸底村古槐

阜平县城南庄镇大岸底村下辖 19 个自然村，总面积 18 平方公里，耕地面积 1177 亩，林地面积 2 万亩，森林覆盖率达 66%。大岸底村有 3 株古槐，分别位于下辖的石牛河村、东坑村和腰同石村。

石牛河村古槐

古槐位于石牛河村的村中心，生长在大路边上，栽种时间大概在 1910 年。古槐树干粗壮，枝叶茂盛，并且还在不断地往外延伸。古槐就像一位年迈的老人默默地守护着村庄，给村子带来了吉祥和福气，见证了村庄的发展与变迁，是石牛河村的“传家宝”。

东坑村古槐

古槐位于东坑村村东，树高约 20 米，树干粗大，直径约 1.5 米，树龄在 300 年左右。

腰同石村古树

古槐位于腰同石村村内，树高约 25 米，树干粗大，直径约 1.8 米，树龄在 500 年左右。

石牛河村古槐

东坑村古槐
腰同石村古槐

不老台村古树群

不老台村是阜平县吴王口乡的一个行政村，位于阜平县西北部，村内最高海拔 1340 米，最低海拔 568 米。不老台村附近的原生森林险峻广袤，奇峰异石陡峭粗犷，地形地势独具特色。这里空气清新，负氧量高，是名副其实的“天然氧吧”，被熟知的人们称作“太行幽静地”“世外小桃源”。村庄整体呈“三山抱月”之势，形如盆地。这里景色优美，引人入胜，可修身养性，延年益寿，村庄取名“不老台”也是取长生不老之意。不老台村的原生态景观灵秀奇丽，古木参天，流泉飞瀑，各俱佳趣。千年古柏、白狐洞、南山神笔、龙劈石、石湖瀑布、原始次森林、神堂堡战役革命烈士陵园、静月寺遗址、一线天、百年老院、老磨坊等众多自然景观、人文景观，虽饱经沧桑，却风采依然。不老台村山高林密，古木众多，树龄在 100 年以上的古板栗树、古核桃树、古杏树共有 300 余株。走进村中，古树比比皆是，让人目不暇接。

白狐传说

在不老台村的西南角有一株古板栗树，它身姿沧桑，形态遒劲，至今仍枝繁叶茂，果实累累。据当地村民说，这株古板栗树的树龄已经有 2000 多年，不过经专家实测，这株古板栗树的树龄应在 250 年左右。古板栗树的树干胸径接近 3 米，树干中间有一空洞，高 1 米有余，成人可在洞内站直拍照，游客见此无不拍手称奇。关于古板栗树的空洞，还有一个白狐的传说。相传很久以前，一只善良的白狐以此树洞为家，它从不杀生，潜心修道，历经千年，因此树洞也被称为“白狐洞”。村里有一后生，一日去山上砍柴，路遇猛虎，白狐发现后，急忙变作人形，出手相救，后生才逃过一劫。二人此后日久生情，玉皇大帝听闻此事，极为震怒，派雷神下界处死白狐。雷神一道白光直劈树洞，但恰巧此时白狐去给后生洗衣做饭，躲过此劫。之后白狐放弃千年道行，永久变作人形，与后生结为夫妻，二人恩爱一生。不老台村从古至今多出美女，据说都是这只美丽善良的白狐的后代。

不老台村古板栗树

仙人寺古树群

仙人寺位于阜平县吴王口乡南庄旺村村西的山顶上，该寺虽规模不大，却非常古老。这里峡深谷幽，群峰林立，峥嵘险峻。山峰顶处，有石如人，石人脚踏山巅，头顶蓝天，十分壮观，这就是声名远扬的“仙人石”。“仙人石”边上的无党寺就是仙人寺，始建时间早于五台山上的诸多寺院。后来，由于仙人寺中的僧人逐渐增多，又无处扩建，便迁至五台山，当地便有了“先有仙人寺，后有五台山”的说法。寺内有树龄300年以上的古松14株，在“仙人石”的衬托下，显得极为劲美超凡，犹如天外来客一般。

古松位于仙人寺庙门东侧，树高8米，干高4米，胸围2.2米，冠幅12米×10米，向南斜生于岩缝中，树龄在800年左右（图1）。

古松树高15米，干高7米，胸围2米，冠幅8米×7米，树龄在400年以上（图2）。

古松树高12米，干高10米，胸围1.7米，冠幅10米×8米，树龄在300年以上（图3）。

古松树高8米，干高5米，胸围1.7米，冠幅13米×11米，树龄在300年以上（图4）。

除古松外，仙人寺的古树群中还有一株古杏树和一株古山核桃树。古杏树树高6米，干高1.8米，胸围1.9米，冠幅11米×7米，树龄在200年左右。古山核桃树位于仙人寺下方的南岩根处，树高7米，干高1.6米，胸围1.5米，树龄在100年以上。

图1

图2

仙人寺古松

图3

仙人寺古松

仙人寺古松

白衣寺古松

古松位于阜平县龙泉关镇黑崖沟村白衣寺内，树高 16 米，干高 13 米，胸围 1.74 米，冠幅 10 米 ×9 米，树龄在 300 年左右。古松在漫长岁月中一直陪伴着白衣寺，历经封建王朝的更迭和战争年代的狼烟，如今依旧屹立不倒。

白衣寺位于黑崖沟村村东北，是一座千年古刹。白衣寺始建于元代，明清时期两次重建，内供观音菩萨。沿百余级石阶拾级而上，但见一座山寺隐在古松之下。从寺庙南门而入是天王殿，殿中有憨厚善德的大肚弥勒佛像。穿厅过院，便是正殿，正中有一足蹬莲花、慈眉善目、身着白衣、怀抱婴孩的观音塑像，两旁配有姿态各异的十八罗汉像。

抗日战争初期，寺前空地是阜平青年支队的练兵场。聂荣臻元帅曾在寺内设立过指挥部，国际友人柯棣华曾在寺内设立过临时救疗站，救人无数。寺前 3 株古松的树干上依稀可见当年日军用炮弹轰击白衣寺时留下的弹孔。经历了无数世事风雨，白衣寺依然留存至今，与寺内外的参天古松、石阶石碑一道，诉说着悠远的过往，更见证着时代的前行。

白衣寺古松

西下关村古楸树

西下关村是阜平县的一个著名红色革命村庄，在这片土地上生长着许多古楸树，每株古楸树都铭记着革命先辈在这里挥洒过的热血。

在西下关村的村中心有一株古楸树，树高18米，干高6米，胸围4.55米，冠幅12米×11米，树龄在500年左右。据说在新中国成立前夕，曾有国家领导人在这株古楸树下与当地百姓亲切交谈。这株古楸树记录了党对人民的殷切关怀，是革命年代最忠实的见证者。

古楸树位于西下关村村北路南的闫家大院内，树高25米，胸围3.75米，冠幅12米×13米，树龄在300年左右。1939年，日本侵略者在“大扫荡”时几乎烧毁了西下关村的所有房屋，可当大火烧到古楸树旁的闫家大院时，却突然熄灭，闫家大院的4间北房得以保存，当地人说这是古楸树的“树神”显灵。

8号古楸树位于西下关村领袖小院门口南侧，树龄在1500年左右，为一级古树。

9号古楸树位于西下关村领袖小院院内，树龄在800年左右，为一级古树。

10号古楸树与8号古楸树相邻，同样位于西下关村领袖小院门口南侧，树龄在500年左右，为一级古树。

西下关村8号古楸树

西下关村 9 号古楸树

西下关村 10 号古楸树

罗家湾村古楸树

阜平县砂窝乡罗家湾村有一株古楸树，树高 30 米左右，干高 4 米，胸围 3.6 米，树冠直径 10 米，树龄在 500 年左右，为一级古树。这株古楸树无人栽种，是自然生长而成，吸收日月精华，如今仍旧枝繁叶茂。

抗日战争时期，这株古楸树被日本侵略者放火烧毁，它的树冠被火烧烟熏，树叶全部烧光。现如今，古楸树受过伤的树冠只剩下光秃秃的枝杈，就像一个受过伤的老兵，但是它凭借顽强的生命力，努力生长，坚强地在村中矗立，守护着一方土地。

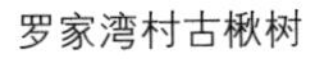

罗家湾村古楸树

不老树村古槲树

不老树村位于阜平县天生桥镇西北的山脚下，不老树村村西南台地中生长着一株古老、粗壮的槲树，树高 16 米，干高 3.5 米，胸围 3.1 米，冠幅 17 米 ×19 米，树龄在 800 年左右。古槲树树干通直，树冠圆满，枝叶繁茂。入秋后，叶红果褐，山风吹过，簌簌作响。相传元代中期，一位赴五台山朝拜文殊菩萨的皇太子，途经此地遭劫，所幸躲藏在古槲树上才获救逃生，之后当朝皇帝便封这株古槲树为“长生不老树”，村庄也由此得名“不老树村”。

不老树村古槲树

不老树村古槲树

马兰村古板栗树

保定地区的板栗产地分布很有趣，主要产区一个在北边涞水县的下明峪村，一个在南边阜平县的岔河乡马兰村，形成东北、西南走向，两头儿为集中产区，中间地区少量分布，产地分布呈哑铃状。在马兰村岔河公路北侧的山坡上有一株古板栗树，树高12米，干高2.7米，胸围2.7米，冠幅11米×11米，树龄在300年左右。如今，这株古板栗树树冠圆满，年年果实累累。

马兰村古板栗树

银河村古麻栎树

在阜平县吴王口乡银河村与石湖岩交界处，海拔 1200 多米的深山沟里，有一个只能一家人在此居住，号称“一家村”的地方。这里山高坡陡，植被良好，林中有狍、豹出没，百鸟啼鸣，五彩缤纷。其对面西北方向的山脚下有一株天然生长的古麻栎树，因其树体高大，生长健壮，位置明显，被定为航空地物标绘在了航标图上，起着领航作用。银河村古麻栎树树高 16 米，干高 2.1 米，胸围 2.1 米，冠幅 16 米 ×16 米，树龄在 500 年左右。古麻栎树的树干、树冠均很圆满，树上以喜鹊为主的鸟巢很多，现已成了鸟的乐园。

银河村古麻栎树

朱家营村古柞树

朱家营村 16 号古柞树位于阜平县天生桥镇朱家营村，树龄约 500 年，为一级古树。古柞树虽生长在乱石堆上，却枝繁叶茂，许久以来，村民们一直把古柞树看作是平安的象征。每逢传统节日，特别是元宵节、中秋节，总会有村民到古柞树前烧香点灯，磕头祭拜。抗日战争时期，这株古柞树是一个天然哨所，每天都会有人在树旁站岗放哨。

朱家营村 16 号古柞树

朱家营村 16 号古柞树

阜平县古枣树群

阜平大枣历史悠久。当年苏秦游说燕文侯时，就曾说燕国“枣栗之实，足食于民”。由此可见，早在战国时期，阜平一带就已经盛产大枣了。阜平大枣的生产遍布全县，其中以北果园、平阳、阜平、王林口、大台、史家寨、台峪等 7 个乡镇的生产为主，年总产量 9 万吨。在 1600 多万株枣树中树龄在 100 年以上的古枣树有近万株，这些古枣树是阜平大枣悠久历史的见证。

关于阜平大枣还有一个有趣的传说。据说很久以前，阜平县的枣树并不多，只有东城铺一带有些枣树。一位新上任的县令，见这里枣树生长得好，便动了心思，他心想：这大枣倒是好东西，生能吃，熟能吃，既能当粮吃还能卖钱，要是动员全县百姓都栽种枣树，钱粮双得岂不更好。于是这年春天，县令把乡村的闾正叫来，当众传下一道令：谁栽活一株枣树，奖励谁一个铜钱。百姓得知后个个欢喜，男女老少纷纷走向山坡、沟岔，开始栽种枣树。3 年下来，沟沟岔岔、坡坡沿沿都栽上了枣树。3 年后，新栽的枣树枝繁叶茂，蔚然成林，大部分都挂上了果实。百姓们找到县令要钱，县令捻着胡须笑眯眯地问前来讨钱的百姓：“我要是一株枣树给你们一个铜钱，那枣树归谁？”百姓们被问住了，过了很久才有人说：“谁栽归谁呗！”县令说：“那你们既要树又要钱，岂不是得了双份？”众百姓猛然悟出其中的道理，忙说：“钱我们不要了，枣树谁栽归谁吧！”打那以后，百姓们尝到了栽种枣树的甜头，一代一代辛勤耕种，最终使阜平县成了全国有名的大枣之乡。

阜平县古枣树群

阜平县古树集萃

岭东村古槐

古槐位于阜平县吴王口乡岭东村村内，树高10米，干高3.5米，胸围7.9米，基围9.1米，冠幅20米×18米，干空开裂，树龄在1000年以上。

坊里村古槐

古槐位于阜平县大台乡坊里村村内，树高10米，干高5米，胸围5.2米，冠幅10米×9米，干空开裂，树龄在500年以上。

平石头村古槐

古槐位于阜平县龙泉关镇平石头村村内，树高7米，干高4米，胸围7.94米，冠幅8米×5米，干空根裸，树龄在1000年以上。

大教厂村古松

古松位于阜平县天生桥镇大教厂村的笛子沟内，树高16米，干高2米，胸围2.48米，冠幅12米×14米，树龄在500年左右。

南庄旺村古核桃树

古核桃树位于阜平县吴王口乡南庄旺村的西沟内，树高20

岭东村古槐

坊里村古槐

平石头村古槐

大教厂村古松

南庄旺村古核桃树

米，干高7米，胸围5米，冠幅25米×20米，树龄在500年以上。

北栗元铺村古槐

古槐位于阜平县天生桥镇北栗元铺村主街道边，树高15米，干高8米，胸围2.7米，树龄在150年左右（图1）。

古槐位于阜平县天生桥镇北栗元铺村主街道外，树高13米，干高7米，胸围1.8米，树龄在130年左右（图2）。

古槐位于阜平县天生桥镇北栗元铺村主街道外，树高14米，干高7米，胸围1.6米，树龄在120年左右（图3）。

北栗元铺村古柳

古柳位于阜平县天生桥镇北栗元铺村主街道边，树高12米，干高6米，胸围2.76米。

北栗元铺村古楸树

古楸树位于阜平县天生桥镇北栗元铺村主街道边，树高约15米，干高7米，胸围约1.8米，树龄在100年左右。

小车沟村古油松

古油松位于阜平县天生桥镇南栗元铺

图1

北栗元铺村古槐

图2

北栗元铺村古槐

图3

北栗元铺村古槐

北栗元铺村古柳

北栗元铺村古楸树

小车沟村古油松

村小车沟村村内，树高20米，干高约15米，胸围2.3米，树冠直径约10米，树龄在200年左右。

南栗元铺村古槐

古槐位于阜平县天生桥镇南栗元铺村村内，树高约30米，干高约12米，胸围约2.3米，树冠直径约13.75米，树龄在150年左右（图4）。

古槐位于阜平县天生桥镇南栗元铺村村内，树高约18米，干高约3米，胸围约3.2米，树龄在450年左右（图5）。

花塔村古槐

古槐位于阜平县夏庄乡花塔村村内，

图4

南栗元铺村古槐

南栗元铺村古槐

古槐历经岁月的风吹雨打，于 2016 年轰然倒塌，树龄也最终定格在了 500 年左右。

石咀村古槐

古槐位于阜平县城南庄镇石咀村村内，树高 12 米，树冠直径约 1 米。古槐枝叶茂密，苍劲挺拔，据村民介绍，古槐约有 200 余年的历史。

石咀村古槐

花塔村古槐

高阳县

旧城村古桑园

高阳县庞口镇旧城村在汉文帝时曾设置过县制，明洪武三年（1370年）河水泛滥，城毁后改称旧城。如今，旧城村的潴龙河故道千里堤旁的古桑园，是保定地区最古老的一个桑园，面积100多亩。古桑园中的古桑树，树龄均在百年以上。

古桑园中，单株古桑树有两株，一株树高10米，干高1.1米，干围1.92米，冠幅16米×14米；一株树高10米，干高0.65米，干围6.28米，冠幅13米×11米。成行古桑树有28株，另有大树百余株。南北成行的桑树基本无主干，因连年割条，使得桑树大多呈灌丛状，地茎均2米左右，有0.2至0.3米粗的大枝3至5个，树体大小与单株古桑树基本相同。论及桑树形态，单株古桑树均呈馒头状，而成行的古桑树则呈三角形。这些古桑树连年捧香甜桑葚飨人，献嫩绿桑叶饲蚕，锁风沙于大地，令人思之起敬。

旧城村古桑园古桑树

涞水县

野三坡景区古树

野三坡景区位于河北省保定市涞水县境内，地处太行山与燕山两大山脉交汇处，总面积近500平方公里。野三坡景区是国家5A级旅游区、国家森林公园、国家地质公园，景区内主要有百里峡自然风景区、拒马河景区、白草畔景区、鱼谷洞景区、龙门天关景区、金华山景区、失乐园薰衣草景区、民族园等景点。野三坡白草畔景区的古树群以及野三坡景区内多个村庄的古槐、古银杏树、古核桃树等名木古树使得野三坡景区更具魅力。

紫石口村古槐

紫石口村位于野三坡景区的中心位置，系该区域面积最大的村庄。紫石口村初建于金大定年间，最初仅有几十户村民，到抗日战争初期已达百余户。紫石口村的中心街矗立着两株古槐，一株树高20米，干高4.8米，胸围4.12米，冠幅20米 ×20米；另一株树高30米，干高6米，胸围2.93米，冠幅16米 ×15米，树龄在500年左右。

清泉寺古银杏树

野三坡景区内有个清泉寺，寺内有株古银杏树，树高25米，干高12米，胸围5.1米，冠幅20米×18米，树龄在1000年左右。

如今，古银杏树生长健壮，连年结籽，树势挺拔，树形优美，引九对花斑喜鹊定居树上，繁衍生息，不但为乡民及游者送来报喜之歌，也保卫着这株稀世古树。

清泉寺古银杏树

岭南台村古油松

岭南台村村西北一高阜处，有一株高大挺拔、雄姿勃勃的古油松，树高 18.7 米，胸围 2.1 米，树冠直径 9 米。提起这株古油松，当地村民会自豪地告诉你：它是明代修建长城时栽种的，至今已有 600 多年的历史了。说起明长城，岭南台村是涞水境内明长城的起点。当年岭南台长城完工后，在岭南台村村北高地修建了一座雄浑的关帝庙，意以关羽的忠、勇、义来凝聚人心，激励守城将士的爱国热情和士气，并在庙前栽植油松一株。几百年来，风雨侵蚀，时局动乱，关帝庙早已荡然无存，而庙前的这株古油松仍旧高大壮硕，枝繁叶茂。如今，古油松已是岭南台村地标性的古树，村民皆引以为豪，对此津津乐道。

岭南台村古油松

北龙门村古槐

北龙门村是具有千年历史的古老村落，村西有株老槐树枝冠茂盛浓密，没有人能说清楚它具体的生长年代，但从树干的形状与规模推断，树龄应在千年以上。古槐的树干已形成空洞，仅剩下一半的皮质层支撑着古树的生长，足见其生命力之顽强。20 世纪 50 年代，因缺乏保护，古槐的树洞受到损伤，树枝所剩无几，似有枯萎衰亡之兆。改革开放后，村里加强了对古槐的保护管理，古槐日益枝繁叶茂，逐渐恢复了生机。古槐空旷的树洞，蕴藏着北龙门村千年来的发展和变迁。

古槐树下曾经有一座砖木结构的建筑——五道庙。庙里曾供着五道将军神像，每当有村民去世，逝者的家人当晚便会带上香火供品来到五道庙前为逝去的亲人“报庙”。逝者出殡的前一天晚上，家人还要来到五道庙，在五道神的见证下送亲人的魂灵辞家西去，俗称“送丧”。“报庙”和“送丧”是祖先流传下来的庄重仪式，是仪式感很强的民俗活动。五道庙是北龙门村村民心中很神圣的地方，故而人们对五道庙旁的古槐也赋予了神明的色彩，认为古槐是神明的化身，给予古槐尊崇的敬奉，这也是古槐得以千年保护不被砍伐的重要原因。神庙因古槐而建，古槐因神庙而存，二者相互依存，共享供奉。遗憾的是如今神庙已被毁损，遗迹也荡然无痕。而欣喜的是古槐尚存，并得到了很好的保护。如今，古槐枝繁叶茂，依旧见证着村庄的古老沧桑。

北龙门村古槐

三义庙古槐

三义庙古槐又称三义槐，位于涞水县涞水镇东关村原三义庙附近。光绪版《涞水县志·建置志》载："三义庙，在东关，明知县董孟宗建。嘉靖年乡民重修。庙左古槐一株，大数围，长十余丈，叶枯三年复荣。"三义庙古槐是伴随着三义庙而生的，如今虽然三义庙已不复存在，但古槐仍旧伫立在路中央，长久地陪伴着东关村的村民。

《涞水县志》载有清邑廪生陈懋勤称赞三义庙古槐的七律——《三义庙古槐》诗云：

一托精灵物自殊，漫从风雨数荣枯。
根盘浩气三分地，影落空庭百尺图。
忽忽屯云犹是汉，荒荒劫火岂忘吴。
等闲借得浓荫合，仿佛娄桑近不孤。

三义庙古槐几番荣枯的经历也为当地村民所津津乐道。据资料显示，民国学者傅增湘所撰"重修涞水三义庙醵金册碑"碑文中记载："门左旧有唐槐，惜为遗火所焚。"但这次火焚没有使古槐枯亡，古槐顽强地生存了下来。据当地居民回忆，2006年三义庙古槐又一次遭到火焚，这次使得古槐的西半部主干和半个树冠都枯亡了。可神奇的是没过多久，古槐又重新枝繁叶茂了起来，仿佛什么都没发生过一样。两次遭难又两次浴火重生，古槐的荣枯兴衰牵动着当地村民的心，村民们也更加相信先贤所撰古槐之异、之灵非虚。如今，三义庙古槐葱茏翠碧，在这时移世易的古街道上，古槐默默地见证着历史的变迁。

三义庙古槐

峨峪村古槐

峨峪村是野三坡地区规模较大且较古老的村落，峨峪村古槐树高15.5米，胸围3.23米，树冠直径14米，树龄在600年左右。

峨峪村古槐有段神奇的生长史。很多年前，古槐不知何故在树干3米处突然90度西折，枝干的态势好像要穿破村民临街的门窗钻进村民的房中，这引起了房主极大的焦虑。古槐在村民眼中是株“神树”，出于敬畏，房主也不敢对它进行砍伐，而是忧心忡忡地等待着最坏结果的出现。不料古槐像是明白了房主的心情一样，树身慢慢地原地左转了90度，原本向西伸出的树枝转向了正南，民房转危为安，引得众人啧啧称奇。乡邻得知此事后，将古槐视为“树神”，纷纷前来祭拜。1939年4月，中国共产党领导的平西专署、中共平西地委相继在峨峪村成立。为了破除迷信，找出古槐自动转身的原因，中共平西地委宣传部部长组织北京的林业专家对古槐进行了研究。结果发现，古槐最初是两株幼槐拧在一起后栽植的，后来虽然看起来像是长成了一株树，但实际上两株槐树是各长各的。两株槐树有时相互较劲，就会影响到另一株的生长态势，而古槐的西枝南转，就是两株槐树互相较劲的结果。

峨峪村古槐

山南村古槐

古槐位于涞水县九龙镇山南村的中心位置，树高 18 米，干高 3 米，胸围 3.5 米，冠幅 20 米 ×14 米，树龄在 400 年左右。1940 年 10 月，对平西抗日根据地恨之入骨的日本侵略者纠集上万兵力，分 4 路进犯野三坡地区，并实行了惨无人道的“三光”政策。进入山南村的日军不但抢光了村民的粮食，烧毁了大部分民房，打死了 6 个没有来得及逃跑的村民，还将柴火堆在古槐树下，放火烧树。日本侵略者边烧边得意地狂呼乱叫，可古槐和英雄的中国人民一样，不仅没有被日本侵略者所征服，还凭借着顽强的生命力，一直生长至今。如今，古槐的树干上有一块明显的伤疤，那就是当年日本侵略者留下的罪证。

山南村古槐

蔺家庄村古槐

在涞水县城东南约2公里处有个蔺家庄村，奇怪的是，村名虽叫蔺家庄，可村里却没有一户姓蔺的人家。蔺家庄村村中有株古槐，据村中的老人讲，古槐是为了纪念战国时期的赵国名相蔺相如而栽的，但至于是何人何时栽种的，已不得而知。

蔺家庄村古槐

南兵上村古槐

古槐位于涞水县东文山乡南兵上村的中心街，树高20米，干高3.1米，胸围4.84米，冠幅20米×18米，树干已空，树龄在1000年左右。相传，闯王李自成弃京南逃时与吴三桂在此相遇。激战中，从古槐树上落下的一个粗大树枝，不仅挡住了射向李自成的一支利箭，还拦挡了吴三桂的追兵，使李自成得以脱身。村中至今仍流传着这样一首诗："兵败如山倒难扶，古槐救驾世上殊。休恨三桂多尔衮，义军不义腐败出。"

南兵上村古槐

釜山古松

釜山位于涞水县城西北12公里处的娄村村西，海拔460米，山形如覆釜得名，有“涞水八景”之一的釜山晴云。釜山半山腰的平缓处原有灵泉寺，据《涞水县志》载，灵泉寺建于唐代，寺院地产百余亩，寺随山而筑，寺左有金大定二十年（1180年）所建的釜山祖公禅师寿塔。山腰有龙潭，深不可测，双泉从灵泉寺后殿左右流出，气势磅礴。登山远眺，东临沃野，西连群峦，釜山山顶岚气熏蒸，烟云缭绕。《涞水县志》中有诗云：“形似覆釜势凌霄，万点晴天缀翠峣。中有龙潭深莫测，兴云长在半山腰。”

釜山中古树众多，其中尤以灵泉寺的双松最为有名。1933年农历九月十五日，傅增湘、周肇祥、江庸游釜山时写下诗文记录双松，载于传世之作《涞易纪游》中。

光绪版《涞水县志·艺文志》中记载了清乾隆年间的组诗《游釜山灵泉寺》，时黄梅教谕叶修曾记述该松：“松二株，长者约百尺，其一亦十之九。松老则寺古，问碑果唐建也。想松寿亦不下八百岁矣……良久，斜阳上松梢，山僧为客设饼饭讫，暝烟又下松梢矣……斯游，余得诗若干首，诸生亦各得诗以纪游，具于左方。”

据当地传说，1947年灵泉寺被拆的前一天，无风无雨，古松却轰然倒下。古松倒下之时一火球飞向西方，一仙人从树中出来西去，树灵离开古松，自此古松再无生机。传说虽带有些许神话色彩，不足为信，但由此可见当地村民对古松的敬畏之情。如今，灵泉寺已不复存在，双松也已作古，然其不朽之魂将和釜山永驻世间。

长堤山古柏

涞水县城以西5公里处的长堤山（又名金牛山），在《涞水县志》中被称为“山川之首”，曰“县西十里特峙无群可以远眺”。山上有几十株饱经沧桑的古柏，村里老人称它们为“刘秀柏”。据说在很久以前，山上的柏树可不仅是几十株，而是不计其数的柏树林。相传西汉末年，王莽篡权，刘秀造反。刘秀兵微将寡，一次与王莽交战，刘秀被打得落荒而逃。王莽追赶至河北地界的涞水县，刘秀感到口渴难耐，于是仓皇钻进了长堤山的柏树林。快到山顶时，眼前出现了一口井，井虽不深，清水可见，但却无法取水。刘秀眼望井水，更觉渴得厉害。情急之下，刘秀用手抓着井口北边的柏树，想探下头去喝水，不料柏树却被扳倒了，水也还是没喝着。刘秀赌气地说道：“我把你这井也扳倒！”话音未落，那井筒真的弯曲了，水流到了井口，刘秀痛痛快快地喝了个够。之后刘秀上到山顶崖边，靠着一株笔直的柏树睡了一觉。刘秀后来登基做了皇帝，当地百姓就把山上的柏树叫作“刘秀柏”，刘秀当年喝的井水也成了百姓们治病的圣水，而被刘秀扳倒的那株柏树，因其树荫在树的南边，成了涞水的一景——北树南阴凉。

不知何时，长堤山上的柏树林被砍伐得所剩无几。传说砍伐山顶柏树的人，在砍伐刘秀当年靠着睡觉的柏树时掉下了悬崖，因此山顶上仅剩下了这株“刘秀柏”。大概在20世纪40年代，当时村里的保长欲砍伐这株“刘秀柏”，所幸被家父劝止，千年“刘秀柏”才躲过一劫。但遗憾的是，这株“刘秀柏”约在20世纪70年代被上车亭村的一村民砍伐，如今已无缘得见。

长堤山“刘秀柏”

清真寺古侧柏

古侧柏位于涞水县涞水镇南关村的清真寺大院中，古侧柏的树冠圆大高耸，且枝繁叶茂，干高约7米，腰围1.9米。2013年10月，古侧柏被河北省住房和城乡建设厅授予河北省城镇古树名木标志牌。

古侧柏所在的清真寺占地面积2607平方米，建筑面积718平方米，是涞水县唯一一座清真寺，也是附近县市中保存较为完整的一座古寺。涞水县清真寺始建于明末清初，清雍正七年(1729年)，清政府在易县修建陵寝期间，宫廷的白太监(北京通州穆斯林)去易县监工时途经涞水县清真寺，见其低矮破旧，意欲将其重修。后在白太监的资助下，聘用了修陵的工匠，工程历时两年，重建了清真寺大殿7间，南、北讲堂各3间，水房5间，于清雍正十年(1732年)完工。新建的大殿为砖木结构，融合了中国传统建筑和伊斯兰建筑的风格，地基高大，砖墙瓦顶，陡山翘檐，描梁画栋，南、北讲堂相互对应，有雨路连接。重修后的清真寺古朴典雅，庄重大方，在规格布局和内外装饰上都堪称完美。也正是在那时，院中种植了柏树数株，现存活下来的古柏仅此一株。

“文化大革命”时期，民族政策遭到破坏，清真寺中的经书典籍付之一炬，清真寺建筑因人为破坏和风雨侵蚀导致残破不堪，寺院内的树木被伐，石碑被毁。“文化大革命”结束后，党中央拨乱反正，伴随着改革春风和各项民族政策的落实，各地清真寺相继开放。在当时极其困难的条件下，几位有教门的老乡不辞辛苦，筹措财金，带头义务劳动，对清真寺做了抢救式修复。寺中仅存的这株古侧柏也随着清真寺的重建而得到保护，重新恢复了生机。

清真寺古侧柏

南秋兰村古楸树

涞水县明义镇南秋兰村古名“南牛栏”，因汉代遒侯陆疆在此围栏畜牧牛羊而得名。明正德八年（1513年），南牛栏更名为“南遒澜”，清末民初，更名为“南秋兰”至今。南秋兰村有一株古楸树，树高19米，干高4米，胸围5.32米，冠幅12米×9米，树龄在600年左右，为一级古树，这株古楸树见证了南秋兰村的发展与变迁。

南秋兰村古楸树

涞水县古树集萃

涞水县现存很多株古槐，其渊源可以追溯到明代的山西洪洞大槐树移民时期。元代末年战乱纷飞，到明代初年时，中国许多地方，特别是江淮以北大部分地区呈现田地荒芜、人烟断绝的凄凉景象。而这时候的山西却相对安定，风调雨顺，连年丰收，较之于相邻诸省，山西经济繁荣，人丁兴旺。明朝推翻元朝的统治之后，为了巩固新政权、发展经济、增强国力，朱元璋决定“移民屯田，开垦荒地”。当时共进行了10多次大规模的移民，其中山西省洪洞县大槐树下移民居多，而槐树也成了移民们寄托思乡愁绪的标志。涞水人大多是从山西省洪洞县大槐树下迁徙而来，因此在涞水县的许多村庄都有古槐，当地人将这些槐树称为“古移民槐”。

北义安村古槐

古槐位于涞水县义安镇北义安村村内。古槐的树冠北大南小，枝繁叶茂，树干腰围3.5米，树龄在600年左右。树干有空洞，现已用砖和水泥填满抹平，树基处垒有砖石方形护池。

据古碑碑文记载，明万历以前，北义安村的村名为兴义村，也曾用名东义安村，清代末年改名为北义安村至今。明永乐年间，从山西省洪洞县大槐树下的老鹳窝移民数户至北义安村，移民们为寄托思乡之情，在村中建了一座关帝庙，并在庙前栽下此株槐树作为纪念。

李皇甫村古槐

古槐位于涞水县义安镇李皇甫村南街口的大坑北岸。古槐的树冠大而圆美，且

李皇甫村古槐

枝繁叶茂，树干挺直峻拔，树龄在 600 年左右。树干分杈处向西有空洞，树干根部向南有空洞，两个空洞均已用水泥封实。如今，当地村民自发地为古槐做了钢筋水泥的底座，并用高 1.5 米的六角形铁艺护栏对古槐加以保护。

夏天，古槐的树荫下是父老乡亲们纳凉、休息、聊天的好去处。从前，古槐北侧的三官庙庙前有一个大戏台，人们俗称“庙台儿”。那时乡亲们每到夏天，吃过晚饭后便来到古槐树下聚集，顺便听上一段故事。很多村民都说，每当自己想家的时候就会想起那株大槐树，想起大槐树下那些熟悉而又亲切的面孔。古槐早就成了李皇甫村的一个象征，繁茂在历代村民们的心中。

下庄村古槐

古槐位于涞水县义安镇下庄村南大街东头路南，原明永乐年间所建关帝庙前。古槐树冠圆整，枝叶繁茂，树龄在600年左右。古槐的树干已空朽且未有填充物，树干北半边已干枯，南半边生出的新干直径有 1.3 米。2003 年，为防止古槐被大风刮倒，下庄村村支书个人出资修建了支撑物和围栏对古槐进行保护。

三皇山古柿树

涞水县是保定市磨盘柿主产区之一，年产柿果 2 万余吨，树龄在 100 年以上的古柿树在涞水县的浅山区各乡村均有分布，其中古柿树分布较多的有位于三皇山风景区的宋各庄乡沈家庵村，该村有古柿树 6520 株，年产柿果 2400 多吨。

古柿树位于三皇山风景区内，树高 12 米，干围 2.35 米，冠幅 12 米 ×10 米，树龄在 200 年以上。

下庄村古槐

三皇山古柿树

涞源县

拒马源古柳群

在河北省中西部的深山之中，有一个山间盆地，盆地腹地群泉涌溢，汇流成河，这条河便是拒马河。拒马河上段古称涞水，涞源县因所在之地是涞水之源而得名，涞源盆地由太行山、恒山、燕山三大山脉簇拥而成。拒马源位于涞源城内的泰山宫下，是拒马河的源头，面积 6 平方公里。涞源县境内泉源多、水量大，在全国许多名泉相继干涸之际，拒马源泉仍旧汩汩翻涌，可见涞源是名副其实的泉城。拒马源内小桥玲珑，凉亭秀丽，碧波含情，垂柳依依。在环绕拒马源泉的柳林之中有 10 多株百年古柳，这些古柳犹如守护神，无怨无悔，日日夜夜、岁岁年年地守护着拒马源这一方圣水。

古柳树高 12 米，干高 2.5 米，胸围 3.7 米，冠幅 10 米 ×6 米，树龄在 100 年左右（图 1）。

古柳树高 10 米，干高 4 米，胸围 4.02 米，冠幅 12 米 ×10 米，树龄在 100 年左右（图 2）。

古柳树高 15 米，干高 2.5 米，胸围 2.3 米，冠幅 7 米 ×5 米，树干向南横生，最低处距地面仅 0.5 米，树龄在 100 年左右（图 3）。

拒马源古柳

拒马源古柳

拒马源古柳

香山古松林

香山位于涞源县北石佛乡北石佛村西偏北处，此山不高不险，却是“涞源古十二景”之一。曾有诗赞香山曰：“风送花香绕殿庭，轻云作幕锦为屏。寺留返照烟霞丽，天赐名山草木馨。影射峰峦都染赤，光腾松柏更输青。长空远度斜阳去，众鸟高飞入渺冥。”

香山寺位于香山东麓，据考证，北周时期曾有僧人在山上摩崖造像369尊，故名“镶山”。山前的村庄最早名为石佛村，后来为了区别从石佛村分化出去的几个村庄，把东庄称为东石佛村，南庄称为南石佛村，而原来的石佛村则改称北石佛村。

香山松如华盖，四季常青。其中树龄在100年以上的古松近百株，香山寺完全掩映于古松林之中。

香山古松林

阁院寺古松

阁院寺位于涞源县城中部，旧县城鼓楼西侧的城墙内，是一座千年古刹，属全国重点文物保护单位。阁院寺现存最早的建筑是辽初修建的文殊殿，是全国年代较早、规模较大、保存最为完好的，且为数不多的几座有超千年历史的土木建筑之一，具有很高的历史、科学、艺术价值。阁院寺中不仅有全国唯一一口保存完好的辽代铸造的高 1.4 米、口径 1.4 米、重约 2000 公斤的巨型古钟，而且寺内还生长着 3 株古松，其中院内一株，文殊殿门前两株，这 3 株古松见证着阁院寺悠久的历史。

古松位于阁院寺院内，树高 17 米，干高 11 米，胸围 2.2 米，冠幅 12 米 ×12 米，树龄在 1000 年左右。

古松位于阁院寺文殊殿门前两侧，共两株，树龄均在 1000 年左右。古松又称“龙凤松”，东为“龙”西为“凤”。“龙松”树高 15 米，干高 3.5 米，胸围 2.25 米，冠幅 12 米 ×10 米，树干已枯；“凤松”树高 17 米，干高 10 米，胸围 2.16 米，冠幅 12 米 ×18 米。

阁院寺古松

阁院寺“龙凤松”

旗山古松群

旗山位于涞源县城以西 1 公里处，山上有一座镇海寺。据考证，镇海寺始建于辽，重修于明清，毁于抗日战争时期，现存建筑均为 20 世纪 90 年代新建，位于涞源县荷叶山的北侧山腰。寺庙周围松林密布，其中树龄在 100 年以上、胸围 1.4 米左右的古松共有 7 株。青山绿水，落日斜阳，山水楼台，古寺与苍松交相辉映，景观别致，实乃天造地化之仙境，难怪自明清之时就有“镇海晚霞”之美誉，乃“涞源古十二美景”之一。

旗山古松群

司格庄村古树

涞源县银坊镇司格庄村始建于明永乐年间，与黄土岭相邻，是黄土岭战役的主战场。司格庄村的古树如同革命战士一般，日夜守护着这片美丽的土地。

古松位于司格庄村村北的小山上，树高15米，主干高1.9米，胸围3.83米，冠幅16米×12米，树龄在200年左右。

古栾树位于司格庄村村后的山坡上，树高8米，干高1.35米，胸围1.73米，冠幅8米×9米，树龄在150年左右。古栾树树干弯曲，夏季金黄色小花成团成簇，满树金灿灿；秋季万盏“小灯笼”挂满枝头，十分喜人。

司格庄村古松

司格庄村古栾树

上老芳村古松

古松位于涞源县上庄乡上老芳村村边，树高 16 米，主干高 1.8 米，胸围 2.85 米，冠幅 13 米 ×13 米，树龄在 500 年左右。

据说当年清政府曾经从上老芳村往西陵移栽松树，上老芳村有一位家境十分贫寒的寡妇决定将家中唯一值钱的一株古松献出，作为自己的一份贡献，但终因树大无法移植。清政府为了奖励这种捐献精神，就把此树作为国树留在了原地。此后，当地村民为了纪念这位无私的寡妇，便将古松作为寡妇的象征，称其“寡妇女”。此外，有一株与古松的树根相连的小叶朴在古松一侧低矮斜生，小叶朴树高 3 米，干围 1.8 米。当地人都说这株小叶朴是寡妇丈夫的化身，因为寡妇的丈夫自私、矮小、早亡，一生既没有为家出过力，也没有为乡邻帮过忙，更没有为国家尽过忠，故当地人将这株与古松相伴的小叶朴比喻为寡妇的丈夫。

上老芳村古松

祭刀岭古松

祭刀岭“祭刀松”

古松位于涞源县走马驿镇午门村的祭刀岭上，树高17米，干高10米，胸围2.24米，冠幅15米×12米，树龄在300年左右。古松树冠垂地，树干呈弧形，相传是北宋名将杨六郎与辽兵大战前，在古松树干上祭父刀时用刀压弯的，故古松又称“祭刀松”。

祭刀岭古松

古松位于涞源县走马驿镇午门村的祭刀岭上，树高13米，干高10米，胸围2.35米，冠幅10米×9米，树龄在300年左右。

祭刀岭“祭刀松”

祭刀岭古松

上沟村古树

上沟村“伤心桑”

古桑树位于涞源县南屯乡上沟村关帝庙前，共3株。这3株古桑树是同根相连的“孪生兄弟”，树高9米，基围3.1米，树龄在100年左右。在这3株古桑树的身旁原本还有一株干高10余米，腰阔五围的大桑树。七七事变后，日本侵略者占领了涞源县，他们用刺刀逼着村民砍倒大桑树用来修建炮楼。在砍树之时，村民们心中气愤，眼中含泪，可在日本侵略者的逼迫之下又不得不将这株大桑树砍倒。3株子桑树则随即以自然形态东倒西歪，好似表达对日本侵略者暴行的愤慨。上沟村村民为了永远记住日本侵略者对大桑树做出的暴行，特意为这3株子桑树取名“伤心桑”。

上沟村古榆树

涞源县南屯乡上沟村村边有一株几经磨难却幸存至今的古榆树，树高23.5米，胸围5.87米，冠幅19米×20米，树龄在400年左右。古榆树旁原本还有一株古桑树，后被日本侵略者烧毁，村中百姓都说这株古榆树如有神护，才能在日本侵略者的暴行中幸免于难。20世纪50年代，古榆树又有过一次险些被砍伐的曲折经历。当时有人以食堂做饭无柴为由要砍伐古榆树，但经村民苦苦劝说，古榆树最终得以幸存。古榆树大难不死，后福不浅，上沟村村民对古榆树倍加爱护。目前，古榆树树冠完整，枝条健壮，桑寄生、槲寄生，分布于树膛内外。入冬后榆叶落去，寄生果实点缀其间，别有一番景致。

上沟村“伤心桑”

上沟村古榆树

后堡子村古橡树

古橡树位于涞源县涞源镇后堡子村村内，树高16米，干高5米，胸围9.6米，冠幅24米×16米，树龄在500年左右。从目前已知的古橡树情况来看，后堡子村的这株古橡树是河北之最。1997年，河北电视台《河北古树专题片》曾对此树进行过介绍；1998年，峨眉电影制片厂曾在此树下取景拍摄过电影作品。如今，这株古橡树已成为后堡子村的特殊标志。

后堡子村古橡树

卸甲沟村古榆树

古榆树位于涞源县东团堡乡卸甲沟村村边，共两株。两株古榆树枝叶交融，并排而立，间距仅 0.2 米，如同一对甘苦与共的恩爱夫妻，因此当地人也称两株古榆树为“夫妻榆”。两株古榆树树高 9 米，干高 2.5 米，胸围 3.2 米，总冠幅 14 米 ×12 米，长势尚可，树龄均在 300 年以上。抗日战争时期，八路军在卸甲沟村村东击毙数百名日军，日本侵略者恼羞成怒，纠集重兵反击。八路军奉命撤退，日本侵略者追至村边，却被这两株古榆树挡住了视线及射出的子弹。日本军官大怒，命令士兵烧树，在古榆树的树干上留下了伤残痕迹，至今仍十分明显。如今，为了保护好这两株有功的古榆树，涞源县林业局出资，市、县下乡的妇联干部和村干部共同组织村民于 2011 年对两株古榆树实施了保护工程。

卸甲沟村“夫妻榆”

涞源县古树集萃

北坡底村古油松

古油松位于涞源县金家井乡北坡底村村后的山包上，树高15米，干高4米，胸围2.6米，冠幅18米×20米，树龄在500年以上。

北坡底村古油松

五间房村古桑树

古桑树位于涞源县走马驿镇五间房村村西的一个土丘上，树高9米，干高1.5米，胸围2.1米，冠幅10米×10米，树龄在120年左右。

走马驿村古槐

古槐位于涞源县走马驿镇走马驿村村内保涞公路的东南侧，树高20米，干高2.5米，胸围5米，冠幅18米×15米，树龄在600年以上。

五问房村古桑树
走马驿村古槐

蠡县

戴庄村古酸枣树

古酸枣树位于蠡县蠡吾镇戴庄村幼儿园西侧，共 9 株，其中有 3 株早已衰亡，只剩枯朽的树干，其余几株虽生长缓慢，但仍会不断萌出新枝，每年都结出累累果实。据有关专家考证，戴庄村的 9 株古酸枣树中，树龄最大的已有 1300 多年。2015 年，蠡县住房和城乡建设局对戴庄村古酸枣树给予挂牌保护。

据村里的老人们讲，以前古酸枣树中间有一座菩萨庙，菩萨庙所在的地方是戴庄村一个郑姓的大户人家献出来的一块风水宝地，所以这 9 株古酸枣树才会在这里数百年来生生不息。直至今日，一到秋天，古酸枣树便硕果累累，而且果子又大又红，清脆酸甜。据说当地村民曾尝试将古酸枣树下长出的幼苗移栽到别处，然而都不能成活，着实令人称奇。

戴庄村古酸枣树

梁庄村古槐

古槐位于蠡县蠡吾镇梁庄村的中心街上，树高10米，干高3.3米，胸围2.32米，冠幅16米×8米，树龄在300年左右。

说起蠡县梁庄村，可谓是人杰地灵。抗日名将梁鉴堂、著名作家梁斌和著名画家黄胄都出自这里，因这三人是堂兄弟，故世称“梁氏三杰”。可以想象，当年这株古槐不仅见证了梁氏兄弟的童年和成长，又有多少过往片段在古槐的花落花开之间流逝。古槐与名村名人相伴相守，描绘了一幅独具一格的人文画卷。

梁庄村古槐

曲阳县

北岳庙古树群

北岳庙原名北岳安天元圣帝庙，俗称窦王殿，始建于南北朝时期北魏景明、正始年间，坐落于保定市曲阳县城西部恒州镇北岳路。清顺治十七年（1660 年）以前，北岳庙一直是历代封建帝王祭祀北岳恒山之神的场所。北岳庙规模宏大，南北长 542 米，东西宽 321 米，总占地面积为 173 982 平方米，现今保留的部分南北长 300 米，东西宽 139 米。据《曲阳县志》记载：北岳庙曾有三个门，南门为神门，也是曲阳县城的西南门，北岳庙的西门就是曲阳县城的西门，神门以内有牌坊、朝献门、御香亭、凌霄门、三山门、钟楼、飞石殿、德宁大殿、后宅门等建筑。北岳庙内有古柏、古槐、古核桃树、古丁香等古树近百株，一直伴随着北岳庙至今。走进庙内，观赏古木森森，清香幽幽，凝视规模宏大的德宁大殿，细品碑林中造诣极高的书法作品，自有一种超凡脱俗之妙。

古侧柏位于北岳庙德宁大殿前，树高 10 米，干高 4.5 米，胸围 1.84 米，冠幅 5 米 ×4.5 米，树龄在 300 年以上（图 1）。

古侧柏位于北岳庙院内，树高 11 米，干高 5 米，胸围 1.55 米，冠幅 8 米 ×7 米，树龄在 200 年左右（图 2）。

古槐位于北岳庙院内，树高 13 米，干高 5 米，胸围 2.38 米，冠幅 12 米 ×10 米，树龄在 100 年以上。

古丁香位于北岳庙院内，树高 7 米，干高 1.5 米，干围 1.08 米，冠幅 3 米 ×3 米，树龄在 100 年以上。

北岳庙古侧柏

图2

北岳庙古侧柏

北岳庙古槐

北岳庙古丁香

南水峪村古侧柏群

南水峪村位于曲阳县城西北约 8 公里处，村子东靠太行山山脉，西邻大沙河，沙河干渠穿村而过。古侧柏群位于曲阳县产德乡南水峪村村东的一个方圆约 1 平方公里的山窝里，共有 18 株古侧柏。

南水峪村千年“龙柏”

南水峪村村东南生长着一株古侧柏，据说至今已有 1000 多年的历史。古侧柏生于山崖之上，树高 10 余米，树干恰似一只金凤凰，树冠南北向延伸达七八米，枝叶浓密，树叶呈鳞片状，树根盘若虬龙，相互交织。远远望去，若飞龙起舞，故当地百姓称其为“龙柏”。古侧柏虽历经千年的严寒酷暑，至今仍郁郁葱葱，四季常青。

古侧柏旁有一口山泉，泉水从山崖和树根缝隙中汩汩而出，清澈透明，甘甜醇冽。山泉水冬暖夏凉，四季恒温，长年不断，深受当地百姓喜爱。由于古侧柏生长在山泉旁边，天长日久，树根外露，古侧柏不同程度上遭受了损害。当地政府和村民不忍古侧柏继续遭受损害，所以在古侧柏的周围用铁丝网加以保

南水峪村千年“龙柏”

护。2003 年 5 月，曲阳县人民政府正式命名古侧柏为“南水峪龙柏”，并列为曲阳县文物保护单位。

南水峪村“群龙柏”

古侧柏位于南水峪村村东，树高 10 米，丛生于裸岩之上，胸围约 2 米，裸根弯曲处交错达 27 平方米，看上去如群龙起舞，甚是奇异有趣，故名“群龙柏”。

南水峪村“龙泉柏”

古侧柏位于“群龙柏”以东 200 米处，树下有一泉，名龙泉。相传此泉乃是神龙饮水的地方，南水峪村当地还流传着“此泉水好人饮之去病，坏人饮之得病”的传说。虽然这些传说都充满了神话色彩，不足为信，但从中能看出人们期盼美好，劝人向善之意。古侧柏树高 8 米，干高 1.54 米，胸围 1.92 米，冠

南水峪村“群龙柏”

幅 8 米 ×7 米，因其在龙泉边生长，故名“龙泉柏”。

南水峪村“龙泉柏”

南水峪村“壁龙柏”

古侧柏位于“群龙柏”东侧，树高 6 米，冠幅 3 米 ×4 米，树龄在 100 年以上。古侧柏紧贴岩壁而生，弯曲向上，树形似龙，故名“壁龙柏”。

南水峪村古侧柏

古侧柏位于南水峪村村东的观音庙前，树高 16 米，干高 6 米，胸围 1.55 米，冠幅 8 米 ×7 米，树龄在 250 年左右。

南水峪村“壁龙柏”

南水峪村古侧柏

燕赵村小叶朴

春秋战国时期，曲阳县燕赵镇因地处燕、赵两国的交界处而得“燕赵”之名，所辖燕赵村村内有一株有名的小叶朴。古树位于壕沟西岸的三关观遗址处，因为生长在燕赵村，故取名燕赵小叶朴。据传，燕赵小叶朴是三关观中的道长所植，树高17米，干高2.5米，胸围2.8米，冠幅9米 ×9米，树龄在400年左右。道观在20世纪50年代被拆除，燕赵小叶朴也受到了一定程度的损害，树木大枝已无，但主干仍生机勃勃，年年开花结果。随着时代的发展，当地村民逐渐意识到古树的文化传承意义，因此燕赵村的小叶朴重新得到了百姓们的保护。如今，时常有村民在树下烧香供奉，以求人畜平安、财源广进。

燕赵村小叶朴

留百户村古槐

曲阳县邸村镇留百户村有3株古槐，均位于村中心处，呈三角形分布，如今已成为该村的地标。古槐树高均有10多米，树干宽幅均近2米，相传这3株古槐经历了明清以及民国时期，如此算来，3株古槐已有400多年的历史。当年山西省洪洞县大槐树下的移民来到此地，开荒种地，建立住所，定居下来。移民为纪念祖先，在村子的中央栽下3株幼槐。如今虽经历几百年的风风雨雨，3株古槐依旧挺拔矗立，郁郁葱葱。移民在这里生息繁衍，村落逐渐扩大，后来发展到百余户人家，故取村名“留百户”。

留百户村的村民为了庆祝丰收，以3株古槐为中心，设立了庙会和集市。人们将每年农历的四月初六定为庙会，农历每个月的三、六、九日定为集市。在集市和庙会之时，人们会为3株古槐披红戴绿，并在古槐树下摆上供品，村民们在古槐周围放鞭炮、扭秧歌，非常热闹。每逢村中有红白喜事，村民都要祭拜古槐，希望得到古槐的保佑，这一习俗保留至今。

抗日战争时期，村民自发组建了抗日游击队。他们运粮草、送医药，还在村子的道路下挖地道阻击敌人。北面的古槐树下有一碾盘，碾盘下就是当年村民挖的地道。古槐为游击队遮过风雨，还帮他们挡过子弹，为抗日战争的胜利做出了贡献。新中国成立后，特别是改革开放以来，当地百姓把古槐视为珍宝，人人爱护，古槐更加枝叶繁茂。

留百户村古槐

崔古庄村古槐

古槐位于曲阳县灵山镇崔古庄村的村中心处，树高12米，胸径1.02米，冠幅9米×10米，树干中空，有一条宽缝。古槐的具体栽种年份不详，据专家勘测，古槐至少有300年的树龄。古槐虽年代久远，但其分枝非常粗壮，并向四周延伸，每年都有许多鸟类在树枝上搭巢繁衍，树荫处也成了当地村民乘凉、休闲、娱乐的场所。古往今来，村中来了说书、拉唱、卖艺、唱戏之人，都会在古槐树下摆场子。久而久之，崔古庄村也逐渐形成了以古槐为中心，向四周建设的格局。

20世纪90年代，古槐在寒冬腊月突然开花，当地村民认为古槐不惧酷暑严寒，将其奉为神明，古槐逐渐成为当地村民的精神寄托。自此以后，村民对古槐充满敬畏，哪怕是大风刮下的一些树枝，村民们也会小心翼翼地捡起，自觉放在古槐树下。2004年，崔古庄村进行全村规划，按照原定规划，要将古槐所在处改建为街道，但在施工过程中，却发现古槐树下有一汪清水，村民认为这是古槐发出的警示，于是临时改变了规划，以古槐为中心开拓出东西、南北两条村主干路。这一说法虽具有传奇色彩，不足为信，但反映了村民们对古槐的敬畏之情。古槐不仅见证了崔古庄村的发展与变迁，同时也寄托了崔古庄村村民对美好生活的向往。如今，崔古庄村的百姓每逢节日仍会到古槐树下进行祭拜，祈求国家富强、风调雨顺、人民安康。

崔古庄村古槐

南家庄村古槐

古槐位于曲阳县灵山镇南家庄村村内，相传是当年山西省洪洞县大槐树下的移民所栽，当地百姓也称其为“神槐三姐妹”。村东边一株为“大姐”，树高14米，胸围2.7米，冠幅10米×12米，树龄在1000年左右；村西边一株为“二姐”，树高6米，胸围2.51米，冠幅8米×8米，树龄在500年左右；村后中街处为“三妹”，树高9米，胸围2.1米，冠幅10米×9米，树龄在200年左右。3株古槐虽历经沧桑，但仍旧枝繁叶茂，如今每逢农历初一、十五，村里的百姓便会自发地来到古槐树下祭拜，以示对祖先的怀念之情。

南家庄村历史悠久，当地村民勤劳勇敢、朴实善良，南家庄村“两委”历来重视对文化的保护。2002年，在治理空心村扩街整路时，曾把3株古槐很好地保护了起来，使其免受损害。

南家庄村“神槐三姐妹”

野北村古树

野北村因古代时地处北宋五大名窑之一——定窑的北侧，所以古称“窑北”。后宋金战乱，定窑南迁，原有的窑址变为荒野，故改称“野北”。野北村现住居民大多是明初时期山西省洪洞县大槐树下移民的后裔。据清康熙十九年（1680 年）编纂的《曲阳县新志》记载，当时野北村的名称已经在册。另据清光绪三十年（1904 年）《重修曲阳县志》记载，当时野北村有主街道一条，即为现在野北村大车门以内的主路。野北村行善寺中的古侧柏群和野北村村内的一株古槐见证了野北村悠久的历史。

野北村行善寺古侧柏群

野北村行善寺古侧柏群植栽于行善寺院内。行善寺始建于晚唐时期，2001 年 2 月被列为河北省重点文物保护单位。据现存碑刻记载，清乾隆年间曾对行善寺的院落有过修缮，后于 1919 年又有过大规模修缮。庙宇修缮完成后，1922 年由当地乡绅出面，组织栽种侧柏 96 株。由此推算，行善寺中古侧柏的树龄应在 100 年左右。

抗日战争时期，晋察冀军区独立四团曾在野北村驻守，当时就驻扎在行善寺院内。1939 年 1 月 26 日，独立四团被日本侵略者包围，双方围绕行善寺进行了激烈的战斗，独立四团大部分战士壮烈牺牲，团长许佩坚英勇殉国。

行善寺的古侧柏群不仅见证了行善寺的历史兴衰，还见证了独立四团抗击日本侵略者的英勇事迹。

野北村古槐

古槐位于曲阳县灵山镇野北村大车门以西，树高 15 米，胸围 3.35 米，冠幅 9 米 ×9 米，树龄在 500 年左右。村中历代相传，古槐是先祖从山西省洪洞县大槐树下迁来后，立村之时栽种。因槐树自古就有迁民怀祖、科第吉兆之意，故野北村的村民对古槐都十分敬奉。

野北村行善寺古侧柏群

野北村古槐

朱家峪村古槐

古槐位于曲阳县灵山镇朱家峪村村内，树高 15 米，胸径 0.85 米，冠幅 22 米 ×17 米，树龄在 400 年左右。古槐根深干粗，枝盛叶茂，树干南面留有一个小洞，据村里老人们讲，小洞是抗日战争时期，八路军与日本侵略者交战时，子弹打在树上留下的痕迹。

古槐生长的地方叫大冶场，在朱家峪村村委会南行百米处。早些年这里三面高起，北面是斜坡，古槐就长在大冶场的中心位置。如今村内进行了规划，路面加宽、硬化，大冶场的高台已不复存在，而古槐依然矗立在村中，陪伴当地村民度过了很多快乐的时光。夏天农闲时，小孩子成群在古槐树下玩耍，妇女们坐在古槐树下乘凉说笑，手里还不时搓着麻绳纳着鞋底，男人们在古槐树下打牌、下棋、谈论家常。晚上天气炎热，大人、小孩围在一起，扇着扇子听外地请来的说书先生说评书。近些年每逢春节，村民们都会在古槐的枝头挂满红灯笼庆贺新年。第二年春天，当古槐长出新叶，绿叶与红灯笼相互映衬，别是一番景象。古槐历经沧桑，多年风风雨雨之后依然傲立在朱家峪村，观望着村容村貌的变化，古槐已经成为朱家峪村的永久性标志。

朱家峪村古槐

店上村古槐

古槐位于曲阳县齐村镇店上村德孝路中段北侧，树高 30 多米，胸围 3.8 米，树龄在 400 年左右，树冠庞大，向四周伸展。古槐久经沧桑，虽经受千百年的风吹雨打，依旧生机盎然、健硕挺拔，虽有个别枝杈干枯老化，但仍会年年发出新芽。

相传明永乐年间，商旅中的一位许姓善者，深解行人旅途的劳顿，见此槐树枝繁叶茂、绿荫如盖，便在树下搭了几间茅屋，开始做些热汤、熟食免费招待路人，给行人提供方便，来往行人也都自愿留下小钱感激答谢。久而久之，茅屋变成了小店，变成了名副其实的“许家店”，并逐渐发展成了村庄。后世事轮转，清代初年，曲阳县产德乡迁来兄弟 3 人，分别居住在村东、村中、村西，这就是现在店上村的李姓三大门。新中国成立后，随着姓氏的变革、人口的增加，以及经济的繁荣，1954 年许家店乡政府在此成立，1965 年更名为店上村。

古槐不仅孕育了店上村，还如母亲保护儿女般保护着店上村的村民。据村里的老人讲，曲阳县的早期中国共产党党员、水泉暴动的组织领导者辛振尧同志在开展地下工作时，曾住在村民李明哲家半年之久，受到村民们的暗中保护。某天晚上情况紧急，辛振尧同志还曾藏身于古槐树上，躲过了敌人的搜捕。古槐不仅见证了店上村的发展，还见证了共产党人火热的革命事业。店上村人在古槐的护佑之下，祖祖辈辈见证着古槐一年一年霜叶寒枝，一岁一岁春叶新芽。店上村人骨子里早已浸染了古槐坚韧不拔、百折不挠的精神，古槐既是店上村的代名词，也是店上村人精神的象征。

店上村古槐

上河西村古槐

上河西村的先祖从山西省洪洞县大槐树下经过长途跋涉来到这里，见此地土地肥沃、山清水秀、溪水潺潺，便决定在此定居，并取村名上河西村。古槐位于曲阳县下河乡上河西村村内，树高 13 米，胸径 0.86 米，冠幅 12 米 ×14 米，树身挺拔，树冠浓郁。相传古槐已有 120 多年的历史，如今依旧挺拔矗立，郁郁葱葱。为了祈求风调雨顺，同时表达丰收的喜悦，上河西村的村民每年农历二月二十八和九月二十八都会设立庙会和集市，庙会和集市活动均围绕古槐进行，热闹非凡。

抗日战争时期，中共曲阳县委曾在古槐西边的民房内办公两年。古槐曾为游击队队员遮过风雨、挡过子弹，与上河西村的村民一起为抗日战争胜利立下了不朽的功劳，也成了上河西村人民心中永远的英雄丰碑。

上河西村古槐

大赤涧村古香柏群

曲阳县有三大文化：雕刻、定瓷、北岳庙。大赤涧村也有三大文化：大赤涧村村名文化、古村落住宅建筑景观布局文化、古道边33株香柏古树名木群文化。

大赤涧村古道边的33株古香柏已有400多年的历史，先人栽植时暗合了《中庸》的33章，昭示后人应该走正道、走光明大道、走中庸之道。33株古香柏象征着人道“中庸”的智慧，以及斗寒傲雪、坚毅挺拔、正气高昂、长寿不朽、生生不息的精神。饱经沧桑的古香柏如今已屹立数百年，依然冠盖如云，新枝吐绿，浓荫匝地，年年岁岁护佑着身边这个古老的村落。树荫之下留存着的是大赤涧人祖祖辈辈的记忆，是大赤涧先人的图腾，也是大赤涧在外游子心中的情感坐标。因此，大赤涧村的百姓认为守住古树就是守住了古村恬淡和睦的生活，就是守护着一份思念，守护着一份游子心中的乡愁。

大赤涧村古香柏群

南管头村古梨园

曲阳县燕赵镇南管头村孟良河畔的梨园建于明永乐年间，曲阳的鸭梨早在明代时就通过天津港出口海外。曲阳的鸭梨种植主要分布在燕赵、孝林、产德等 3 个乡镇，其中南管头、西赵庄、崔家庄古梨园的知名度最高。曲阳鸭梨的极盛时期为 20 世纪八九十年代，当时梨树数量达 30 多万株，年产量 3000 多万斤。

曲阳梨农在曲阳县政府和林业部门的支持和引导下，不断与时俱进，在适当保持传统优势的前提下，积极引进新技术，吸纳新品种。古梨园这个“绿色银行”在人民群众脱贫致富奔小康的大道上仍然发挥着巨大的支撑作用。

图中的这株古梨树位于曲阳县燕赵镇南管头村古梨园内，树高 8 米，主干高 0.7 米，干围 2.7 米，冠幅 9 米 ×8 米，树龄 300 年以上。

南管头村古梨树

曲阳县古树集萃

李家马村古槐

古槐位于曲阳县下河乡李家马村村内，树高 10 米，干高 5 米，胸围 5 米，冠幅 18 米 ×14 米，树龄在 800 年左右。20 世纪 50 年代，古槐的空洞中长出一株榆树，如今生长在古槐空洞中的榆树已长成树高 20 米，胸围 1.65 米的参天大树，故古槐又称“槐抱榆”。“槐抱榆”因与“怀抱玉”谐音，而备受当地百姓尊崇，李家马村村民更是尊奉这株古槐为“槐大仙”。为了加强对古槐的保护，村民们在古槐外围用铁丝缠绕以加固，并在古槐树干上系上红绸，还挂上了写有“供奉槐大仙之神位”的木牌。虽然“槐大仙”这一叫法带有神话色彩，但李家马村村民对古槐所采取的保护措施仍是值得赞扬的。

莲花沟古侧柏

古侧柏位于曲阳县莲花沟内，树高 15 米，干高 10 米，胸围 2.46 米，冠幅 12 米 ×10 米，树龄在 1000 年左右。此处原有寺庙，始建于唐代，名香岩寺。据当地百姓相传，莲花沟古侧柏的叶子可以散发出类似西湖龙井之香，可以代茶，久饮可延

莲花沟古侧柏

年益寿。

孝墓村古侧柏

孝墓村始建于隋代，原名南阳村。唐代时，村中出了一个大孝子，姓张名务朝。据旧县志载：唐时孝子张务朝为母守墓3年，感动当地村民，遂将原隋代所建南阳村改为孝母村。再后来又慢慢叫成了孝墓村，至清代，发展为东、西、南、北4个孝墓村。为纪念孝子张务朝，村民在东、西、南3个孝墓村的山顶上各栽种了一株古侧柏。东孝墓村古侧柏树高5.5米，干高2.5米，胸围1.74米，冠幅10米×10米；西孝墓村古侧柏已经枯死，后又补植新树两株，树高均约3.5米，胸围均约0.28米；南孝墓村古侧柏树高6米，干高1.8米，胸围2.14米，冠幅7米×9米。这些古侧柏树形奇特，枝干光滑，曲曲弯弯，叶稀成丛，虽生长在石灰岩风化的瘠薄土壤或岩石裸露的山顶之上，但仍然粗壮、古朴、苍劲。

东孝墓村古侧柏

顺平县

新华村古树

新华村是顺平县神南镇下辖的行政村，新华村群山环抱，花果飘香，林木森森，生态环境良好。在漫山遍野的混交林中，分布着古黄连、古柿树、古楸树等多种古树300余株。

古黄连树位于新华村马地沟内，树高15米，干高3米，胸围2.17米，冠幅12米×15米，树龄在200年左右。

古楸树位于新华村村内石桥的南边，树高15米，干高10米，胸围1.82米，冠幅14米×12米，树龄在100年以上。

古柿树位于新华村马地沟内，树高12米，干高1.5米，胸围3.43米，冠幅16米×15米，树龄在300年左右。

“莲花柿”树位于新华村马地沟内，树高25米，胸围3米，冠幅28米×30米，树龄在300年左右，因所结的柿果形似莲花，故名“莲花柿”树。

新华村古黄连树

新华村古楸树

新华村“莲花柿”树

东白司城村古槐

古槐位于顺平县安阳乡东白司城村村边，蒲阳河拐弯处。古槐树高 7 米，干高 2.4 米，胸围 7.8 米，冠幅 12 米 ×6 米，树龄在 1000 年以上。这株古槐是顺平县所有古槐中树龄最长的一株，也是东白司城村村民心目中的“神树”。古槐历经沧桑，如今一侧枝干已枯死，树身上生出一株山毛桃。每逢盛夏，古槐枝叶茂密，树荫凉爽。据当地村民讲，古槐每年发芽比同类树木早半个月，秋后落叶则晚 20 余天。村中有传说古槐是黑龙的化身，因此能挡住大汛期间的洪水，使地势偏低的东白司城村免受水患。传说虽充满神话色彩，不足为信，但由此能看出东白司城村的村民对自然的敬畏，以及对这株古槐的崇敬。古槐也没有辜负当地百姓的期望，它像一个大力士般庇护着东白司城村的村民。

东白司城村古槐

常丰村古柏

古柏位于顺平县蒲阳镇常丰村的尧帝庙内，共两株。一株肤黄，得名“金柏”；一株肤白，得名“银柏”，故两株古柏又称“金银柏”。因历史原因，尧帝庙现已不存，在1963年发生的特大洪水中，“金柏”被冲倒。如今，“银柏”虽已枯死，但仍巍然屹立。“银柏”树高10米，干高2.2米，胸围3.65米，树龄在1000年以上。

常丰村古柏

常丰村古柏局部

腰山王氏庄园古树

腰山王氏庄园始建于清顺治初年，当年是一个高墙围护的城堡式地主庄园，四周城墙有 1.5 米厚，有垛口，墙上是更道，墙外有护庄沟，墙内是马道。庄园由 3 道东西内街隔成 4 部分，由北往南依次为北园、中园、南园、场院。如今，腰山王氏庄园是我国华北地区保存最完整的民居建筑群，为国家级重点文物保护单位。王氏庄园内的古龙柏、古皂荚与众多古建筑交相辉映，一起见证着历史的发展。

古龙柏位于王氏庄园内，树高 4 米，干围 2 米，冠幅 2 米 ×4 米，树龄在 300 年左右。

古皂荚树位于王氏庄园内，树高 16 米，干高 4 米，胸围 2.32 米，冠幅 16 米 ×15 米，树龄在 300 年左右（图 1）。

古皂荚树位于王氏庄园内，树高 10 米，干高 3 米，胸围 1.23 米，冠幅 8 米 ×7 米，树龄在 300 年左右（图 2）。

王氏庄园古龙柏

图1

王氏庄园古皂荚树

图2

王氏庄园古皂荚树

西河口村古树

西河口村古柿树

古柿树位于顺平县河口乡西河口村西北1公里处的庙沟内，树高22米，干高1.8米，胸围2.25米，冠幅16米×17米，树龄在260年左右。古柿树干直而矮，树冠圆满，枝条完整，年产磨盘柿达500多斤。河口乡的贡柿昔日专供皇家享用，如今装点着太行山村，秋霜降临，果黄叶红，显出一派红火景象。

西河口村古君迁子树

君迁子，柿科落叶乔木，别名黑枣。但凡有柿树的地方，君迁子便与之并存，因柿园种植君迁子常可防落果，所以它是柿树不可缺少的砧木。古君迁子树位于顺平县河口乡西河口村村西山脚下的大眼井东北阶地中，树高17米，干高2.2米，胸围2.59米，冠幅14米×17米，树龄在300年以上。古君迁子树树干雄伟，干皮灰黑，块状深裂，枝干弯曲，秋果累累，长势旺盛。

西河口村古柿树

顺平县古树集萃

北清醒村古槐

古槐位于顺平县大悲乡北清醒村村北，树高15米，干高7米，胸围4.5米，冠幅7米×5米，干空开裂，树龄在1000年左右。

南清醒村古槐

古槐位于顺平县大悲乡南清醒村的村中心，树高12米，干高5米，胸围3.95米，冠幅8米×7米，树干全空，树龄在1000年左右。

西朝阳村古槐

古槐位于顺平县白云乡西朝阳村村内，树高8米，干高3米，树龄在150年左右。古槐裸露拱起的主根粗1.9米，数条次根斜扎地下，其形似龙，故当地村民称其为“龙槐”。

淋涧村古槐

古槐位于顺平县白云乡淋涧村村北，树高9米，干高3.5米，残围2.9米，冠幅7米×7米，树龄在500年以上（图1）。

古槐位于顺平县白云乡淋涧村村内，树高10米，干高3.2米，胸围4.1米，树龄在500年以上。古槐的树干大部分已经腐朽，顶部生出3个新枝，新枝冠幅5米×4米（图2）。

峰泉村古槐

古槐位于顺平县安阳乡峰泉村村内，树高35米，胸围7.3米，冠幅20米×18米，树龄在1000年左右，这株古槐是保定市最高的古槐。

黄岩村古柏

古柏位于顺平县大悲乡黄岩村的西

北清醒村古槐

南清醒村古槐

西朝阳村“龙槐”

淋涧村古槐

淋涧村古槐

岩壁上，树高 10 米，干围 2.63 米，冠幅 10 米 ×8 米，树龄在 800 年左右。

东河口村古槐

古槐位于顺平县河口乡东河口村村内，树高 14 米，干高 2.5 米，胸围 3.7 米，冠幅 6 米 ×6 米，树龄在 1000 年左右。

龙潭湖古柏

古柏位于顺平县神南镇龙潭湖绝壁上沿，树高 8 米，干围约 3 米，冠幅 10 米 ×8 米，树龄在 1000 年左右。

峰泉村古槐

黄岩村古柏

东河口村古槐

隘门口村古柿树

古柿树位于顺平县大悲乡隘门口村村内，树高 28 米，胸围 3 米，冠幅 15 米 ×15 米，树龄在 600 年左右。

北大悲村古楸树

古楸树位于顺平县大悲乡北大悲村村内，树高 30 米，胸围 4.8 米，冠幅 18 米 ×18 米，树龄在 800 年左右，这株古楸树是顺平县最高且保护得最好的一株古楸树。

龙潭湖古柏

隘门口村古柿树

北大悲村古楸树

唐县

全胜峡景区古树

有着“京西小画廊”之美誉的唐县全胜峡景区内有两株知名的古树，一株为古黄栌，另一株为古檀树。

古黄栌位于全胜峡景区内的黄栌坡上，树高4.5米，胸围1.35米，冠幅4米×3.5米，树龄在500年左右。

古檀树位于全胜峡景区北龙门台一个农家院的墙根儿处，树高9米，胸围1.1米，冠幅4.5米×4米。

全胜峡景区古黄栌

全胜峡景区古檀树

唐县古树集萃

唐县古枣树群

唐县是河北省大枣主产区之一，大枣产地主要分布在羊角、军城、雹水、大洋、石门等5个乡镇，年产大枣近2万吨。在数百万株枣树中，树龄在100年以上的古枣树有万余株。

唐县县城内古槐

唐县县城内的古槐共两株，均位于唐县工商局后院。一株树高7米，干高3米，胸围3.4米，树干已空，树龄在500年左右（图1）；另一株树高8米，干高3.5米，胸围3.14米，树干已空，树龄在500年左右（图2）。

赵家庄村“母子槐”

古槐位于唐县罗庄镇赵家庄村的药王庙旁，共有4株，因其中3株年岁小的是母树根生，故当地人也称其为“母子槐”。母树树高12米，干高4米，胸围4.2米，基围8米，树龄在1000年以上。3株子树的胸围分别为2.45米、2.1米、1.56米。

唐县古枣树群

唐县县城内古槐

唐县县城内古槐

赵家庄村“母子槐”

北雹水村古皂荚树

古皂荚树位于唐县雹水乡北雹水村村内，树高 13 米，胸围 2.89 米，冠幅 12 米 ×8 米，树龄在 200 年左右。古皂荚树为两树合一长成，据说百年前两树的基部还有个洞，如今已完全合为一体。

唐县中医院古槐

唐县中医院古槐共两株，均位于唐县中医院院内。一株树高 13.2 米，胸围 2.72 米，树冠直径约 15 米，树龄在 500 年左右，为一级古树（图 3）；另一株树高 7.2 米，胸围 4.07 米，树冠直径约 18 米，树龄在 900 年左右，为一级古树（图 4）。

杨家奄村古槐

古槐位于唐县齐家佐乡杨家奄村村内，树高 8 米，胸围 3.77 米，树冠直径约 12 米，树龄在 800 年左右，为一级古树。

北雹水村古皂荚树

唐县中医院古槐

唐县中医院古槐

杨家庵村古槐

望都县

东关村古柏

古柏位于望都县望都镇东关村村内，共两株，树高均为14米，胸围分别为3.4米、3.3米。古柏所在之处原有尧帝庙，但如今已消失在了岁月之中。因击打东株古柏能发铜器之音，得名“铜柏”；因击打西株古柏能发铁器之声，得名“铁柏”，故两株古柏又名“铜铁柏”。抗日战争时期，日本侵略者将尧帝庙作为营房时，曾想砍伐两株古柏，虽在当地乡民的努力保护下，两株古柏得以留存，但东侧的“铜柏”还是受到损害而枯死。如今，两株古柏虬干突兀、枯而不倒、傲然挺立，乃是当地的一大奇观。

东关村“铜铁柏”

易县

清西陵古松群

清西陵位于保定市易县县城以西15公里处的永宁山下，是现存规模宏大、保存最完整、陵寝建筑类型最齐全的古代皇室陵墓群。1961年，清西陵被列入第一批全国重点文物保护单位。2019年12月，文化和旅游部确定清西陵为国家5A级旅游景区。在建筑富丽堂皇的陵区内，有一片林海构成了清风淡淡、松涛声声的优美景观。在这片林海之中，有古油松2万多株，它们千姿百态，有的苍劲挺拔，有的婀娜多姿，如泰陵宝顶东侧的“卧龙松”、慕陵龙凤门前低头弯腰的两株“迎客松”、泰陵与昌陵之间的“蟠龙松”、山顶巨石上的“菩萨松”、崇陵挺拔秀丽的白皮松等，妙趣天成的古松林海，令人流连忘返。清西陵的古松均已建档，由文物保管所统一管理。陵区内现又大量栽植幼松，这将使得清西陵的林海永不枯竭。

崇陵白皮松的来历

崇陵内有白皮松70余株，树龄均在100年左右，干围大多在1.6米上下，其中最粗的一株干围有2.5米。说起崇陵内的白皮松，就不得不提到一个人，他就是清朝的一位忠臣——梁鼎芬。古代讲“陵寝以风水为重，荫护以树木为先”，按照这样的惯例，建造陵寝的同时就应该栽树，可当年建陵协议里面并没有种树这一项。崇陵竣工后，梁鼎芬发现陵寝院内光秃秃的，既没有松树，也没有花草，与这里的红墙、绿瓦、黄门显得很不协调。此时梁鼎芬想了一个办法，开始自己筹集为崇陵栽树的经费。

崇陵白皮松

崇陵白皮松

这年，梁鼎芬先是用自己的全部积蓄派人在北京订购了200多个陶瓷酒瓶运到崇陵。到了冬天，他找人带上酒瓶，登上崇陵宝顶，将顶上的积雪装满了所有瓶子，并密封好，又在瓶体上写了“崇陵雪水”的字样。最后他派人将这些酒瓶运回北京，赠送给清朝的遗老遗少，请求他们捐献资金，为崇陵栽树贡献自己的力量。曾有一首诗记载了梁鼎芬为崇陵栽树的决心：“补天挥日手能闲，冠带扶锄土石间。不见成荫心不死，长留遗蜕傍桥山。”正是有了梁鼎芬的不懈努力，才使得今日的崇陵在这些古松的映衬下显得别具一格。

清西陵“忠君松”的传说

古松位于行宫北崇陵南，树高7米，干高5米，胸围1.75米，冠幅11米×12米，树龄在250年左右。古松向崇陵方向倾斜，呈低头躬身侍立状。古松树下有一个不起眼的坟包，相传这是埋葬清朝大臣梁鼎芬的地方。传说当年光绪帝的棺椁奉安后，梁鼎芬待在地宫里不出来，执意要为光绪帝殉葬，后被人强行背出。不久梁鼎芬故去，他的后人按其生前遗愿，将他埋在了这株古松之下，“忠君松”也因此而得名。

清西陵古松奇观

除“忠君松”外，“迎宾松”“姐妹松”“龙凤松”“三义松”“四方松”“苍龙松”等古松也因其独特的造型而使得清西陵的古松群更具魅力。

“迎宾松”位于泰陵金水桥南桥头旁，树高12米，干高3.2米，树龄在270年左右。因古松的树冠轮廓呈弧形，犹如张开长臂迎接游客，故名“迎宾松”。

“姐妹松”树高15米，干高1米，主干围2.9米，两个枝干的干围分别是1.68米、1.66米，冠幅13.4米×11米，树龄在270年左右。因古松的两个枝干同根且粗细相当，如同一对

清西陵古松

清西陵古松群

孪生姐妹，故名“姐妹松”。

“龙凤松”树高 13 米，干高 11 米，胸围 1.83 米，树龄在 270 年左右。因古松树干 2 米处横绕一枝酷似盘龙，树冠北边枝短上扬酷似凤头，南边枝长下垂酷似凤尾，故名“龙凤松”。

“三义松”树高 18 米，主干高 1.2 米，3 个枝干的干围分别是 1.71 米、1.7 米、1.51 米，冠幅 14 米 ×12 米，树龄在 270 年左右。因古松的 3 个枝干傲雪迎风，生死相依，故名“三义松”。

“四方松”树高 15 米，主干高 0.5 米，主干围 3.6 米，冠幅 15 米 ×14 米，树龄在 270 年左右。因古松的 4 个枝干分别处在东、西、南、北 4 个方位上，故称“四方松”。

“苍龙松”位于清西陵卧龙山上，树高 6 米，干高 3.5 米，胸围 1.3 米，冠幅 5 米 ×4 米，树龄在 200 年左右。因古松树冠顶部的主枝已枯，其余枝干弯曲向上，酷似昂首苍龙，故称“苍龙松”。

清西陵古松群

狼牙山古树群

狼牙山坐落在保定市易县西部的太行山东麓，属太行山山脉，距易县县城45公里。因其奇峰林立，峥嵘险峻，状若狼牙而得名。狼牙山是座“英雄山”，因五壮士英勇抗击日本侵略者，舍身跳崖的壮举而驰名中外。如今，狼牙山是河北省省级爱国主义教育基地。2005年12月，狼牙山景区被评为国家级森林公园。2008年4月，狼牙山景区被确定为国家4A级旅游景区。狼牙山景区地处狼牙山林场的中心，经过林业工人半个多世纪的精心培育，现在狼牙山的五坨三十六峰已是层林尽染。历史遗存的古柏、古栎、古枫、古栾、古栌、古藤更是生机盎然，让游人赞叹不已。

狼牙山“英雄柏”

古柏位于狼牙山棋盘坨，树高7米，干高0.85米，干围2.3米，冠幅12米×10米，为一级古树。狼牙山五壮士在棋盘坨阻击日伪军时，面对步步紧逼的敌人，五壮士以古柏为依托，顽强地与日伪军进行战斗。古柏不知为五壮士挡住了多少敌人的子弹，为阻击敌人贡献了自己的力量，因此得名“英雄柏”。

棋盘坨古树

棋盘坨位于通往狼牙山主峰的一处悬崖旁，为一块天然形成的酷似棋盘的岩石，约三尺见方，石面纹理纵横，传说孙膑常与他的师父鬼谷子在此布棋为乐。此处一侧为悬崖峭壁，一侧为古树虬枝，身畔云雾缭绕，置身于此，如临仙境。棋盘坨周围古树耸立且树种丰富。其中，古黄栌的树龄在300年左右，树高6米，干高2.2米，胸围1.2米，冠幅3米×3米。古侧柏位于棋盘坨的西小坨上，树高8米，胸围1.3米，冠幅5米×5米，树龄在300年左右。另有一株古侧柏位于棋盘坨的石缝中，树高5米，胸围0.8米，冠幅5米×4米，树龄在200年以上。古栎树位于棋盘坨东侧，树高8米，胸围1.7米，冠幅10米×9米，树龄在100年以上。古橡树位于棋盘坨以西1公里处，树高16米，干高10米，胸围1.9米，冠幅11米×10米，树龄在150年左右。

狼牙山“英雄柏”

宋各庄村古槐

易县南城司乡宋各庄村有一眼古井，井旁有座观音庙，庙旁有株古槐。相传此槐是观音菩萨抛下的一根槐树枝长成的，故此槐又名“观音槐”。古槐树高 12 米，干高 4 米，胸围 3 米，冠幅 10 米 ×10 米，树龄在 300 年左右。

据当地村民讲，村子里流传着一个关于古槐的颇具传奇色彩的故事。1996 年，个别人无事生非，把古槐的树皮剐掉了一块。第二天人们惊奇地发现，从树干到树冠，整个古槐被一种银白色的网状物包裹了个严严实实。对于古槐出现的奇观，村民们议论纷纷，认为是观音菩萨对剐蹭古槐树皮的人的心理惩罚。当时还有人作诗曰：“歪毛淘气勿逞强，树大成神细琢量。毁树就是害自己，天怒人怨无处藏。”表达了对破坏古槐行为的谴责和规劝。在古槐全身出现银白色网状物和村内百姓言语指责的双重压力下，剐蹭古槐树皮的人感到害怕，当夜便来到古槐树下烧香磕头，诚心道歉。没想到之后更加神奇的事情发生了。3 天后，古槐全身的银白色网状物消去，又恢复了原本的模样。对此，又有人作诗曰：“知错改错还算乖，就怕错了还装呆。烧香磕头发毒誓，不如补过把树栽。”表达了对认错之人的宽容和谅解。

宋各庄村古槐

大龙华村古银杏树

大龙华村始建于唐代，直至修造清西陵时才逐渐兴旺起来，村中有一对赫赫有名的银杏“情侣树”。1593年，此地建起了一座庙宇，因庙里供奉的是泰山娘娘，故被人称为泰山宫。现在的大龙华村学校就是曾经的庙宇遗址，两株古银杏树就生长在学校院内。

两株东西排列的古银杏树，一雌一雄，西为雌株，东为雄株，传说这两株古银杏树是一对忠心为国的恩爱夫妻的化身。雄株树高20米，干高5米，胸围3.68米，冠幅14米×18米；雌株树高19米，干高4.5米，胸围2.42米，冠幅10米×15米。两株古银杏树均雄伟挺拔，但雄株更为高大粗壮。雌株虽比雄株略显矮小，却更显苗条、清秀。年年春华秋实，累累果实挂满枝头，黄叶橙果，十分美丽。两树相距3米，枝如交臂，叶叶相融，宛如一对情侣。微风拂来，枝叶轻摇，如窃窃私语。每到深秋，一橙黄一浓绿，相依相随，又如一对恩爱夫妻。如今，大龙华村的这两株“情侣树”已被列为易县重点保护文物树。

大龙华村“情侣树”

紫荆关古树

紫荆关是长城的关口之一，位于易县县城以西 40 公里的紫荆岭上，为河北平原进入太行山的要道之一，有“一夫当关，万夫莫开”之险。东汉时名为五阮关，又称蒲阴陉，列为太行八陉之第七陉。紫荆关由 5 座小城组成，分别是拒马河北岸的小金城和拒马河南岸的关城、小盘石城、奇峰口城、官座岭城。1996 年，紫荆关被确定为全国重点文物保护单位。今日的紫荆关前已不再有金戈铁马和鼓角争鸣，零星散落的古树挺拔苍翠，成为护佑一方的“灵物”，在历史的发展中不经意地留下一片片记忆，让人感怀惦念。

“一株松”与一个厂

在易县紫荆关镇东清源村的一座土山上，有一株直冲云霄的粗壮古松。古松树高 17 米，树围 2.3 米，树龄在 300 年以上，它伟岸、挺拔、健壮，在土山上显得非常突出，当地人习惯叫它“一株松”。

据传，当年铁道兵副司令员兼后勤部部长别祖后同志来到这个群山环绕的山坳里勘选厂址时，被“一株松”的形状和风采所吸引，于是决定在这里建厂。这座工厂就是铁道兵6619工厂，是铁道兵建设京原铁路线时的配套厂，属“三线”工厂之一，后在军改中更名为铁道部工程指挥部紫荆关金属结构厂。据说当年每逢有党代会、职代会等重要活动，参会代表都会以古松为背景合影留念。部队、地方各级首长和领导来视察调研时，也多在古松前合影留念，象征友谊长存。在这方圆20多公里的山坳里，古松见证了当年铁道兵战士挥洒血汗青春，为祖国建设无悔奋斗的铿锵岁月。当年的战士们也对古松满怀深情，那参天古树是他们奋斗岁月里的一种特殊纪念。

几百年来，“一株松”生长在紫荆关及其周边壮丽的山川之间，沐浴在战火纷飞与和平建设交替的历史氛围中。在人们的印象中，它是巍巍太行顶天立地、坚韧不拔精神的缩影，也是老区人民艰苦创业、热情好客的象征。它见证着当代军民为经济建设和国防建设做出的特殊贡献，也见证着一个工厂从计划经济走向市场经济的历史进程。

闻名遐迩的“青杨王”

在紫荆关外，易县紫荆关镇白家庄村有一株高入云天，冠大、枝粗、叶繁的古青杨。古青杨树高32米，干高2米，胸围6.79米，冠幅29米×30米。据迁居此地已数代的杨姓老人讲，古青杨是前几代传下来的风水树，树龄至少百年以上，如今仍未见其有衰老的迹象，可能是立地条件较好所致。无论是其树高还是树干之粗、冠幅之大，均属罕见，堪称河北“青杨王”。

白家庄村古松

在“青杨王”西侧的山坡上，藏着一株古松。古松的主干向西北弯曲，恰似一位驼背的太行老人，伏于坡顶毫不张扬。古松树高7米，干高4.5米，胸围2.8米，冠幅15米×12米，树龄应在300年以上。

东清源村“一株松”

白家庄村“青杨王”

白家庄村古松

易县古树集萃

石家统村古柿树

易县是保定市磨盘柿的主产区之一，年产柿果 14 万余吨，树龄在 100 年以上的古柿树遍布易县浅山区的各乡镇。石家统村就是其中一个古柿树较多，靠种植柿子致富的典型村落。

东岱岭村“仙人柿”

古柿树位于易县狼牙山镇东岱岭村大坨沟内，树高 11 米，干高 1.1 米，干围 1.65 米，冠幅 12 米 ×11 米，树龄在 250 年左右。古柿树生长在巨石的夹缝中，相传“八仙”之一的何仙姑云游途中曾在古柿树下的平面巨石上歇息。其间，何仙姑将口中的一粒黑枣核吐在了巨石的夹缝中，次年古柿树便生长了出来，故此树得名“仙人柿”。

野里店村“仙槐”

古槐位于易县大龙华乡野里店村村边河的西岸，树高 12 米，干高 4 米，胸围 5.1 米，冠幅 8 米 ×8 米，干空开裂，树龄在 1000 年左右。古槐所在之地原有关帝庙，现庙已不存，村民便敬树如神，祈求古槐的护佑。野里店村虽位于河边，但从来没有受过水灾，大水往往绕村而走，野里店村的村民都认为这是古槐在保护着村庄免受洪水危害。这种说法虽不具备科学性，但从中能看出野里店村的百姓自古以来对古槐的敬畏。

建国村“奇槐”

古槐位于易县南城司乡建国村村内，树高 18 米，胸围 4.3 米，冠幅 15 米 ×14 米，树龄在 800 年左右。古槐从基部到顶部全空，但空洞内生出了3条碗口粗的根，像3条钢索深深嵌入地下，将风烛残年的古槐牢牢固定住，使它“八千里风暴吹不倒，九千个雷霆也难轰”。

龙湾头村“神槐”

古槐位于易县凌云册乡龙湾头村村边的龙王庙内，是由原来一株更古老的槐树的残根生长而成的，树高15米，胸围2.2米，树龄在200年以上。龙湾头村地处中易水河南岸，地势低洼，但屡屡泛滥的洪水却从来没有袭扰过这个村庄，村民们都认为龙湾头村有龙王保护，而龙王庙中的古槐就是龙王的化身。古槐是龙王化身一事虽是神话传说，但从中能看出当地百姓对于自然的敬畏以及对古槐的敬意。

北河北村“救命槐”

古槐位于易县塘湖镇北河北村村口的观音庙前，树高5米，胸围3.3米，树龄在400年左右，干空开裂，现用浆砌石支撑。1943年5月，日本侵略者在北淇村制造了惨绝人寰的“血井惨案”后，又到北河北村烧杀抢掠。当日本侵略者列队走到村口的古槐树下时，惊扰到了正在古槐树干空洞中休息的大马蜂，成群的大马蜂像训练有素的敢死队队员般直扑日本侵略者的面门。顿时，100多名日本侵略者受到大马蜂“军队”的猛烈攻击，日本侵略者被蜇得鬼哭狼嚎，四散逃窜。由于被大马蜂阻拦，日本侵略者未能进入北河北村，使得北河北村的村民躲过了一场劫难。如今，村中很多老人仍将古槐当作救命恩人，内心充满感激之情，一辈辈地讲述着古槐的英勇，传颂着古槐的革命事迹。

凌云册村“唐槐”

凌云册村相传是战国时燕太子丹读书并密谋刺秦的凌云书院的原址，凌云册村的村名也是因此而来。唐代时，为纪念太子丹与义士荆轲，在已消亡的“战国槐”原址上栽植了槐树，由此称为“唐槐”。凌云册村共有两株“唐槐”，均位于凌云册村村内。一株树高7米，干高2.5米，胸围2.8米，树龄在1000年左右，干空开裂，空洞似日月星辰；另一株树高13米，干高4.3米，胸围2.8米，冠幅8米×6米，树龄也在1000年左右。

良村古槐

古槐位于易县易州镇良村村内，相传此槐是汉高祖刘邦的军师张良亲手栽植的。古槐树高6米，干高3.5米，胸围4.7米，冠幅13米×6米，树龄在1000年左右。

双峰村古槐

古槐位于易县富岗乡双峰村的大街上，相传此槐是燕王扫北时为安抚留下的老弱残病士卒。古槐树高8米，干高2.5米，

双峰村古槐

胸围 3.27 米，冠幅 4 米 ×4 米，干空开裂，树龄在 500 年以上。

西大北头村“夫妻柏”

古柏位于易县高村镇西大北头村村边，共两株，株距 2 米，树龄在 600 年左右。北株树高 12 米，干高 2.6 米，胸围 3.2 米，冠幅 18 米 ×14 米；南株树高 11 米，干高 2.5 米，胸围 2.4 米。两株古柏枝叶交叉，相拥相扶，故称“夫妻柏”。

真武庙村“双锤柏”

易县白马乡真武庙村真武庙前有古侧柏两株，树龄在 500 年左右。一株树高 18 米，干高 6.5 米，胸围 2.2 米；另一株树高 16 米，干高 6 米，胸围 1.96 米。相传，此地原有一深潭，潭内水妖为患，真武到此用双锤打死了水妖，并将双锤的锤把儿留在此处化成了两株侧柏树。人们为了感谢、铭记救命的真武，便在双柏处修建了真武庙并将村名定为真武庙村。

乙街古柏

古柏位于易县县城内乙街上的龙兴观遗址内，此处原有很多古柏，人称“柏树林”，但现在仅存一株。古柏树高 15 米，干高 7 米，胸围 3.3 米，冠幅 9 米 ×9 米，树龄在 1000 年左右。古柏的基部有明显的烧痕，据说这个烧痕是当年金人攻克易州城焚烧龙兴观时留下的。

尧舜口村“拧丝柏”

易县大龙华乡尧舜口村的东山上有 6 株树龄在 200 年左右的古柏，其中最粗的一株胸围 1.7 米。这几株古柏的特别之处在于全是拧丝，树干像麻花。相传，尧舜口村的“拧丝柏”是求贤若渴的尧在追赶舜时怕迷路用手拧成的。当时尧拧的并不是现在的这几株古柏，而是它们的始祖。

真武庙村“双锤柏”

尧舜口村“拧丝柏”

定州市

定州文庙古树群

定州文庙的院中生长着数百株古树，均年代久远，与文庙的红砖绿瓦相衬，颇显古朴典雅的风致。它们所在的定州文庙，坐落在河北省定州市刀枪街，是河北省保存最为完好、规模最大的文庙建筑。

唐大中二年（848 年），因尊崇儒学，膜拜孔子，定州修建了文昌阁。文昌阁有前后两院，共存古柏34株，其中前院6株，后院 28 株。据史料载，明万历七年（1579 年），州牧王增录筑伴池、砌石桥、修甬路、植槐柏；清道光二十七年（1847 年），庙内又植槐、柏数百株。

古柏位于前院正殿门前东侧，树高 13 米，干高 3.8 米，胸围 2.03 米，冠幅 8 米 ×9 米。

古柏位于正殿东南东厢房前，树高 14 米，干高 4 米，胸围 2.17 米，冠幅 6 米 ×3 米。

定州文庙内的众多古柏及前院的“东坡双槐”、后院的“槐抱椿”构成了这里独特的古文化景观。儒学自汉代以来在各朝各代无不倍受尊崇，文庙遍及华夏，为文人墨客、风骚学者的

定州文庙前院正殿门前东侧古柏

定州文庙正殿东南东厢房前古柏

必览之地。一代文豪苏轼曾在定州文昌阁植槐，足可想见当年香火之盛，槐柏古雅更衬出前人崇尚的书香文风。

定州文庙“东坡双槐”

一走进定州文庙的南门，便可看见东、西两侧各有一株古老苍劲的国槐，两株同龄的古国槐与院中参天的古柏相映成趣。这两株古国槐可称得上是保定地区的槐中之魁、“寿星双老”，它们履历不凡。相传，这两株古国槐是北宋大文豪苏轼任定州知州时亲手所栽。苏轼作为一代文学巨匠，不但爱槐、种槐，还留下了许多脍炙人口的咏槐佳句。

苏轼在《三槐堂铭》中写道：

归视其家，槐阴满庭。……郁郁三槐，惟德之符。

苏轼在《槐》中写道：

忆我初来时，草木向衰歇。
高槐虽经秋，晚蝉犹抱叶。
淹留未云几，离离见疏荚。
栖鸦寒不去，哀叫饥啄雪。
破巢带空枝，疏影挂残月。
岂无两翅羽，伴我此愁绝。

这两株古国槐虽历经风雨剥蚀，主干已朽，老态尽显，但由于保护较好，如今已有新枝代替旧枝。现在的这两株古国槐，枯木逢春，枝叶繁茂，绿意浓浓。夏日，槐花依然阵阵飘香，被人称为“干朽枝绿的奇槐”。

东侧一株树高5米，干高2米，胸围6.7米，冠幅4米×5米。

定州文庙“东坡双槐”（东侧）

定州文庙“东坡双槐”（西侧）

“东坡双槐”石碑

古国槐枯朽严重，旧枝已完全被新萌发的枝干所代替。树根裸露处如巨爪匍匐于地，躯干镂空如铁壁铜墙。树根与躯干浑然一体，难辨其界。

西侧一株树高 4.5 米，干高 3.2 米，胸围 3.2 米，冠幅 5 米 ×9 米。古国槐的躯干分裂成板条状的东、西两部分，似两个弯腰驼背的老人欲背道而去。其西北枝伸展较长，极像老者指路，直指正殿西门。

两株古国槐虽是同龄，却长势不一、姿态各异，东者如舞凤，西者如神龙，因而也被后人誉为“龙凤双槐”。风来叶响，似低吟大江东去；花开月夜，若仰观千里婵娟。令游者发幽古之情，游兴大增。

古树景观

“槐抱椿”是定州文庙内的著名景观之一。古槐主干已枯，可在枯干中却环抱着一株葱茏茂密的臭椿树。古槐树高 13 米，胸围 2.9 米，冠幅 9 米 ×8 米，树龄有 400 多年，臭椿树的树龄有 40 多年。

定州文庙“槐抱椿”

“古凤柏”位于定州文庙的西院内，树高 12 米，干高 1.28 米，干围 3.55 米，冠幅 12 米 ×7 米，树龄在 1000 年左右。此柏树干开裂，树枝上生出一凤形枝，此枝像展翅欲飞的彩凤，故人称“古凤柏”。

定州文庙内的古侧柏，树高均在 10 米左右，树龄有 160 多年的、430 多年的，也有 1000 年左右的。图中这两株古侧柏是明代栽种的，胸围均有 2.5 米。

古槐位于定州文庙内，树高 7 米，干高 3 米，胸围 2.9 米，冠幅 7 米 ×5 米，干空开裂，树龄在 400 年以上。

定州文庙古侧柏

定州文庙“古凤柏”

定州文庙古槐

汉中山王墓古柏树群

汉中山王墓古柏树群是伴随着定州汉中山王墓而生的，说到汉中山王墓就要追溯到2000多年前的定州。春秋战国时期始有“中山”之名，东周威烈王十二年（前414年），中山武公迁都于顾，即现在的定州市，公元前380年又迁都灵寿。秦统一中国后，定州仍称中山国，属恒山郡。汉沿袭秦制，汉景帝前元三年（前154年）封皇九子刘胜为第一代中山靖王，定都卢奴（今定州市），始为汉代中山国。据《汉书·地理志》记载，中山国有户16万，人口66.8万，领14个县，在20个诸侯国中居第三位，两汉十七代中山王世袭达300余年，留下了大量的汉代中山王墓。

汉中山王墓分布在遍及定州市全境的25个乡镇，其中大部分墓葬分布在定州市城区的东部、西部和南部。汉中山王墓是两汉时期中山国国王及上层贵族的墓地，年代大约在公元前154年至公元184年间。西汉中山靖王刘胜及其妻窦绾之墓在保定市满城城区西南1.5公里处的陵山主峰东坡，又称满城汉墓。目前已发现的中山王墓，除第一代中山靖王刘胜墓在满城外，其余基本上都在定州市。

随汉中山王墓而栽的古柏蔚然成群，这里的古柏树群平均树高12米，干高6米，干围1.6米，冠幅8米×7米，树龄在200年以上的古柏共有116株。这些古柏仿佛是中山国王室陵墓群中活的陪葬品，历经时代更迭的沧桑巨变，到如今仍旧郁郁葱葱。

汉中山王墓古柏树群

明月店村古槐

古槐位于定州市明月店镇明月店村的中心街，树高10米，干高4米，胸围3.1米，冠幅16米×15米，树龄在500年左右。当地村民都言“先有古槐树，后有明月店”，因此这株古槐被当地人誉为“神树”。古槐所在的明月店镇位于定州市城区南偏西15公里处，东与周村镇交界，西与开元镇交界，北与西城区交界，南与新乐市交界。明月店镇有上千年的建镇史，其建镇时间可追溯至北宋时期，据清道光二十年（1840年）编纂的《直隶定州志》载，明月店镇“铺户六十四，铺伙二百五十。民户八十五，丁口五百九十二”。明月店镇曾是古驿道上的驿站，如今镇内仍保留着一座建于明代的驿站，名为明月驿，由此可窥见这里曾为南北交通要道时的辉煌。北宋时，此地因地处交通要道旁，村中店铺相连，南北客商络绎不绝。相传，有一赴京赶考的举子夜宿客店，店主邀其为店铺题名。恰逢当晚天气晴朗，皓月当空，赴考举子触景生情，遂题名为明月店。后举子考中进士，此店随之扬名，该村亦随之发展，成为远近闻名的明月店村。

古槐身处明月店村的中心路口，数百米外就能看到古槐绿荫蔽日的风采，树冠覆盖面积达上百平方米。古槐有一个分枝已经枯死，据了解，这个枯死的分枝是在20世纪90年代初期被闪电击中所毁，而古槐树干竟无大碍，至今生命力依然顽强。

明月店村古槐

定州贡院古槐

定州贡院古槐共两株，均生长在定州贡院内，因相传是乾隆皇帝亲手栽种，故又称“乾隆槐”，而能够让乾隆在院中亲手栽种古槐的定州贡院又有什么来头呢?

定州贡院又名考棚，是我国北方目前唯一保存较为完整的古代社会选拔秀才和贡生的考场。清乾隆三年（1738 年），定州州牧王大年筹建定州贡院。贡院建成后，负责举行乡试和会试，而且有文、武两科考场，定州辖区内的文、武考生均在此处应试。整个清代，在定州贡院中举的文、武举人达 227 人之多，其中不乏名噪一时的时代精英。如人称“有事无事奏三本”的郝浴，就是先在这里得中后，再进京参加考试的。又如清末民初时颇负盛名的“天下第一循吏”王瑚（冯玉祥的老师），也是 23 岁时在定州贡院中举后，再进京考中进士的。之后随着科举制度的寿终正寝，贡院也被改作他用。1926 年，中国平民教育家晏阳初先生选择定县（今定州市）作为平民教育实验区，在此开展了大规模的乡村建设与改造的社会实验，定州成为当时中国社会改造的样板之一。当年，中华平民教育促进会总会的办公地址就设在定州贡院，可见定州贡院自古至今文脉相承。

相传，乾隆皇帝六下江南五过定州，曾到定州贡院慰问考生，并亲手栽下了这两株槐树，故两株槐树得名“乾隆槐”。如今，这两株古槐仍位于定州贡院内，西株树高8米，干高3米，胸围2.92米，冠幅10米×11米；东株树高8米，干高2.3米，胸围2.61米，冠幅10米×11米。两株古槐同龄，树龄均在250年左右。这两株古槐伫立于贡院之内，见证过众多学子在此悬梁刺股、挥毫泼墨，也见证过众多学子从这里踏上了成功的阶梯。

定州贡院“乾隆槐”

定州城内古银杏树

定州市城区回民街西侧的尽头，在市政府以南约 200 米处有一株古银杏树，树高 8.2 米，干围 4.3 米，树冠直径 31.8 米，现被圈于白果树幼儿园内。这株古银杏树早在清道光年间就已僵枯无叶，但如今依旧昂然挺立，不腐不倒。从管仲公元前 649 年建定州城算起，古银杏树已有约 2700 年的历史，可谓始植遥远，历经沧桑，堪称“中山老者，苍株古景”。因银杏树又称白果树，故定州民间有“先有白果树，后有定州城”的说法。当地有诗赞曰：“白果早叶落，唯有僵枯枝。傲视苍天意，中山乃雄姿。”

定州城内古银杏树

定州城内古臭椿树

定州市北城区武警医院内有一株古臭椿树，因生长在雪浪石边而得名“雪浪椿”。“雪浪椿”树高12米，胸围2.6米。此树奇在根部，发达的根系在地面以上呈片状生长，波浪起伏，与雪浪石浑然一体，形成一处奇异景观。

说到“雪浪椿”旁的雪浪石，首先就要提到著名的“定州八景”之一——雪浪寒斋。“定州八景”系清康熙年间知州黄开运根据定州实际所罗列，并载入定州旧志。所谓“定州八景”是指开元寺塔、众春园庶、雪浪寒斋、中山后圃、平山胜迹、西溪玩月、唐水秋风、续阅古堂。经过岁月长久的锤炼，“定州八景”已然成为当地文化的象征。

“定州八景”之中的雪浪寒斋就因雪浪石而得名。宋元祐八年（1093年），苏轼被贬知定州。一日在中山后圃（今定州中学院内）偶得一石，黑质白脉，中涵水纹，展现出一副若隐若现的山水画卷，犹如晚唐五代时期著名画家孙位、孙知微所画的石间奔流、百泉涓涌、浪花飞溅之态，遂名雪浪石。苏轼得此石如获至宝，从曲阳恒山运来汉白玉石，琢芙蓉盆将石放入盆中，且于文庙后置斋，名雪浪斋。清康熙十一年（1672年），雪浪斋被列为“定州八景”之一，名雪浪寒斋。乾隆皇帝对雪浪石尤为喜爱，御制碑文吟咏之诗仍留存10余首。

雪浪石因苏轼而名声显赫，后世文人墨客多有瞻仰。清雍正十二年（1734年），有人在雪浪石旁种植了一株臭椿树，如今近 300 年过去了，古臭椿树树冠如盖，浓荫蔽日，但遗憾的是曾经绝美的“定州八景”之一的雪浪寒斋早已不复存在。

定州城内古臭椿树

容城县

沟西村古槐

古槐位于容城县容城镇沟西村的中心街上，树高 20 米，干高 2.8 米，胸围 2.58 米，冠幅 20 米 ×18 米，树龄在 200 年左右。沟西村村民称其为“神树”，世代敬仰，小心呵护，当地有诗赞曰：“千年古槐敬如神，山西洪洞有祖根。世代虔诚求福佑，祥和兴旺万年春。”

新中国成立初期，古槐龙爪似的树根裸露在地面上，后来随着村庄的建设，路面不断抬高，古槐的龙爪根被向下深埋了两三米。近些年，沟西村村民在古槐周围砌起了围墙，并且定时浇水、施肥、修剪，使得这株历经数百年的古槐重新焕发了生机。无言的古槐，在沟西村的中央岿然挺立，淡泊宁静，慢慢记录着沟西村岁月的变迁。

沟西村古槐

晾马台村古圆柏

古圆柏位于容城县晾马台镇晾马台村的明月禅寺大殿前，树高 10 米，干高 6 米，胸围 5.12 米，冠幅 14 米 ×12 米。古圆柏的树干基部粗大，且有大小不等的瘤状突起，主干向上渐现消瘦呈锥形，锥顶树冠如伞，树冠较平，枝弯似虬龙。

相传，宋代保疆功臣杨延昭曾在此地指挥兵马抵抗辽兵，并修台晾马，晾马台村也正是因此而得名。明月禅寺位于晾马台村的西北角，坐落于晾马台遗址的土台上，始建于唐代。五代时期至清乾隆年间，明月禅寺曾多次被毁，仅存千年古圆柏和明月禅寺石碑等遗迹。1992 年，容城县人民政府向地区行政公署申请修复明月禅寺。明月禅寺重新开放后，前往观光的游客络绎不绝。如今，晾马台在历史的脚步中已荡然无存，但明月禅寺和古圆柏尚在，幽思着这里旌旗招展、香烟缭绕的岁月。

晾马台村古圆柏

雄县

庞临河村古枣树林

雄县鄚州镇庞临河村于明永乐元年(1403年)，由山西省洪洞县迁来的庞、华两户人家所建，因庞家人多，村子又处于赵王河岸边，故名庞临河村。庞临河村村南有一片枣树林，林中约有100株古枣树。据村中老人说，古枣树林距今已有300余年的历史。20世纪90年代，村民开始砍伐古枣树盖房，目前只剩下村南那一片古枣树林和村内零星的几株古枣树。古枣树林帮助庞临河村的村民度过了饥饿的年代，也见证着村子的历史，记载着村民的回忆。如今，庞临河村开始大力绿化、美化村内环境，村民们始终不曾忘记那些古枣树，为它们清理了树旁的杂草和垃圾，平整了土地，让其回归最初的模样。现在，古枣树林和新建的公园、广场和谐共生，一同见证着村庄的新发展。

庞临河村古枣树

北菜园村古树

北菜园村古槐

古槐位于雄县雄州镇北菜园村的一户村民家中，树高15米，胸围约2米，树龄在130年左右。北菜园村的村民十分珍视这株古槐，树上常常挂有“灵应”“保佑”之类的小牌子，并有村民用红布将古槐的树干包裹起来，若树上有鸟筑巢，村里人便不许小孩子前去破坏。如今，古槐虽历经百年，却依旧生机勃勃，越发矫健。

北菜园村古枣树

古枣树位于雄县雄州镇北菜园村的一户村民家中，树高约3米，胸围约1米，树龄在130年左右。每到结枣的时节，村里的孩子们就会来摘枣子吃，古枣树为无数孩童们提供了童年的零食。在物资匮乏的年代，古枣树甚至被全村人当作果腹的宝贝。古枣树虽历经百年，却依旧枝叶繁茂、硕果累累。

北菜园村古槐

北菜园村古枣树

李林庄村古枸杞树

古枸杞树位于雄县昝岗镇李林庄村陈子正故居内。陈子正，河北雄县（今属雄安新区）人，是我国近代著名爱国爱民的武术家、教育家，鹰手拳法鹰爪翻子门创始人，是最早把武术带入课堂的武术教育先驱，曾担任上海中央精武会副会长，是家喻户晓的电影《霍元甲》中陈真的原型之一。这株古枸杞树据说是陈子正亲手栽植的，树龄在150年左右。古枸杞树虽历经百年沧桑，但从那相互缠绕的藤枝和树枝上的点点绿叶来看，古枸杞树仍在与命运做着抗争，仍在顽强地想要存活下去。

李林庄村古枸杞树

袁庄村古树

袁庄村古槐

古槐位于雄县昝岗镇袁庄村村委会院内，树围近 1 米，树龄在 70 年左右，树围近 1 米。据村里的老人们说，这株古槐其实是第二代，第一代古槐在解放战争时期被砍伐了，现在的这株古槐是在之前古槐的根上另长出的新芽。古槐虽历经风雨，但至今仍枝繁叶绿，生机勃勃。

袁庄村古枣树

古枣树位于雄县昝岗镇袁庄村村委会院内，树龄在 140 年左右（图 1）。

古枣树位于雄县昝岗镇袁庄村一户村民家的院内，树围 1.5 米，树龄在 200 年左右（图 2）。

据村里的老人们讲，这两株古枣树大约种植于清光绪初年。当时河北大饥荒，久旱之后又是蝗灾，村民为了生存，不得不举家逃荒。临走时，有几户人家便在自家院内种下了几株枣树，为的是以后回来时好找到自己的家乡和院子。当然，这其中也含有早早（枣枣）还乡之意。

袁庄村古槐

袁庄村古枣树

袁庄村古枣树

雄县古树集萃

小步村古槐

古槐位于雄县雄州镇小步村一户村民的祖宅中，树高约 6 米，胸围约 1 米，树龄在 100 年左右。从远处看这株古槐，树干高耸挺拔，枝干舒展昂扬，生机勃发。但是走近观看，就会发现这株古槐的部分枝干早已蜕皮迸裂，古槐的主干只剩下很薄的木栓层和苍老的树皮支撑着树冠并维持着生机。每年 5 月，古槐依旧会开满槐花，白色的花瓣娇小玲珑，空气中弥漫着清新的槐花香味。

龙湾村古槐

古槐位于雄县龙湾镇龙湾村的村中央，古老官河的岸边，是龙湾村最古老的标志。古槐树高约 16 米，树龄在 600 年左右，躯干空洞，外表的老皮几乎看不到，每年只是靠四周的树表输送些养分，古槐如今依旧发芽、长叶、开花。

五铺村古槐

古槐位于雄县雄州镇五铺村村南的一户村民家中，树高约 15 米，胸围约 2 米，树龄在 100 年左右。因五铺村的村民大多

小步村古槐

是从山西省洪洞县迁来的，村民们便把这株古槐视作家乡的象征，对其十分尊崇。古槐生长的这户人家，对古槐更是精心照料，希望古槐能够世代传承，也希望整个家族能像这株古槐一样，世代兴盛。

孤庄头村古槐

古槐位于雄县昝岗镇孤庄头村一户村民家的院内，树高约15米，胸围约2.7米，树龄在400年左右。据院子的主人讲，由于村里人多年来建房垫高地基，现在地面之下古槐的树身还有2米左右。经目测，古槐的树冠约150平方米，伸向西边的一根巨大树杈已经越过胡同进入另一户人家，真可谓一树槐荫两院分了。古槐的树干现已中空，为防止雨水侵蚀，院子的主人将所有树洞用水泥堵死。古槐虽历经几百年的风风雨雨，如今依旧根深叶茂，生生不息。

小芦昝村古槐

古槐位于雄县昝岗镇小芦昝村一户村民的祖宅后，树高约3米，胸围约1.6米，树干有空洞，树龄在300年左右。抗日战争时期，小芦昝村是抗日根据地，村中的地道非常出名。在这株古槐南侧3米左右的地方就有一个地道口，与古槐树下的地道相连。当时一有敌情，村民们便通过地道口将机器设备转入古槐树下的地道，古槐为抗日战争的胜利做出了自己的贡献。新中国成立后，古槐树上挂了一个铃铛，生产队队长靠着打铃来召集人们集合出工。那些年，炎炎盛夏，人们便会聚集在古槐树下的阴凉处谈天说地。如今，那些曾在古槐树下说笑的人们多已辞世，但古槐仍健在，仍继续见证着小芦昝村的发展。

龙湾村古槐

五铺村古槐

孤庄头村古槐

小芦砦村古槐

后 记

《保定名树名木》是“保定历史文化名城丛书”的第四部，也是对保定这座历史文化名城中的自然文化进行梳理的第二部作品。与以往几部不同，本书的编写有三个难点：一是本书以古树名木为主要内容，涉及大量林业知识，专业壁垒较高；二是保定地区山林苍翠，历史悠久，古树数量更是达到了77 173株，要在如此数量庞大的古树中爬梳脉络，条分缕析，绝非易事；三是对古树背后文化信息的采集，那些名胜传奇、历史传说、名人典故、风俗信仰等信息多散落于乡里坊间，山高路远，星散难觅。

为攻克以上三个难点，河北新型智库·河北省文化产业发展研究中心（河北大学文化产业研究院）受保定市人大常委会委托，作为图书编务的执行单位，开展了多次实地考察和书稿统筹等具体工作。也幸得保定市林业局的大力支持，尤其需要感谢周元克总工程师，从诸多层面对《保定名树名木》的编纂提供了非常重要的帮助。此外，保定各县、市、区人大，以及保定市文化广电和旅游局、保定市动物园等多个机构部门对本书的最终完成都做出了不同程度的贡献。本书的顺利出版有赖于各方的共同努力，在此一并表示诚挚的感谢！

由于项目组专业水平所限，除涉及专业名词和数据信息难免纰漏之外，加之诸多内容由基层调研采集汇编，历史讹传、乡民口述难免稍欠严谨，图书编写人员虽已尽力校勘，也难免挂一漏万，尚祈专家与读者指正。

《保定名树名木》不只是对保定历史文化的记录，也是保定人与自然和谐发展的一篇“序曲”。在此，谨以本书向所有正在为保定生态保护和文化传承贡献力量的一线工作者们致敬！

《保定名树名木》编委会

2021年5月